中华科技传奇丛书

从都江堰到南水北调

刘行光　编著

U0395569

上海科学普及出版社

图书在版编目(CIP)数据

从都江堰到南水北调/刘行光编著．——上海：上
海科学普及出版社，2014.3
　（中华科技传奇丛书）
　ISBN 978－7－5427－6045－6

Ⅰ．①从…　Ⅱ．①刘…　Ⅲ．①水利史－中国－普及读
物　Ⅳ．①TV－092

中国版本图书馆 CIP 数据核字(2013)第 306649 号

责任编辑：胡　伟

中华科技传奇丛书
从都江堰到南水北调

刘行光　编著

上海科学普及出版社出版发行
（上海中山北路 832 号　邮政编码 200070）
http://www.pspsh.com

各地新华书店经销　三河市华业印装厂印刷
开本 787×1092　1/16　印张 11.5　字数 181 400
2014 年 3 月第一版　2014 年 3 月第一次印刷

ISBN 978－7－5427－6045－6　定价：22.00 元

前言

　　我们伟大的祖国是一个历史悠久的文明古国，几千年来，我国各族人民为生存发展，曾经进行过艰苦卓绝的斗争，在消除水害，发展水利方面，取得了辉煌的胜利，创造了光辉灿烂的历史。

　　在以农业为主要经济部门的我国古代社会中，水利是农业的命脉，是促进经济发展的重要因素，是社会文明进步的一个重要标志。水利同社会的经济和政治的发展有着极为密切的关系。一部水利史，就是劳动人民改造自然，改造社会、不断认识和利用水流运动规律为人类服务的历史。

　　在我国极其浩瀚和丰富的史籍中，水利是一项重要的内容。一些早期史书，把《河渠书》、《沟洫志》列为专篇。到了后代，从朝廷到地方州县，无不将水源、水旱灾害和河流的治理利用、水利工程建设详为记载，各种水利专著更是数不胜数。这些都是我国各族劳动人民为利用自然、改造自然、创造历史的记录，是我国古代珍贵文化遗产的重要组成部分。

　　为了使广大青少年读者了解我国水利发展史这一珍贵的文化遗产，从中得到启迪，我们编写了本书。

　　本书的内容基本上按年代顺序，分为闻名中外的古代水利工程、古代运河开凿、中国古代著名的治水功臣、星罗棋布的水电站、治理水患谱新篇等五章。各章既彼此独立，又有一定联系。我们力求使读者阅读本书之后能了解我国水利发展史的一个梗概。

目录

一、闻名中外的古代水利工程

二、古代运河开凿

五、治理水患谱新篇

目 录

一、闻名中外的古代水利工程

水利史上的丰碑——都江堰

⊙拾遗钩沉

都江堰位于岷江由山谷河道进入冲积平原的地方，它灌溉着灌县以东成都平原上的万顷农田。

历史上，古代蜀地非涝即旱，有"泽国"、"赤盆"之称。岷江的上游经地势陡峻的万山丛中，流到成都平原后，水速急剧减慢，致使夹带的大量泥沙和岩石沉积下来，淤塞了河道。每到雨季来临时，岷江和支流水位猛涨，造成泛滥；而雨水不足时又会造成干旱。

公元前256年，秦国昭襄王任命李冰为蜀郡太守。李冰和他的儿子，吸取前人的治水经验，召集了许多有治水经验的农民，实地勘察地形和水情，采用中流作堰的方法。

当时，在没有火药的情况下，李冰采用以火烧石，使岩石爆裂，在玉垒山凿出了一个形状酷似瓶口的山口，所以取名"宝瓶口"。

修建宝瓶口作为治理水患的关键环节，既可以打通玉垒山，使岷江水能够畅通流向东边旱区，从而减少西边的江水流量，不再泛滥成灾，同时也使滔滔江水流入东边，灌溉了良田，解除了干旱。宝瓶口引水工程发挥了分流和灌溉的作用。

因江东地势较高，江水难以流入宝瓶口。为了使岷

水利史上的丰碑——都江堰

2

江顺利分流和东流，充分发挥宝瓶口的分洪和灌溉作用，宝瓶口开凿后，又在岷江中修筑分水堰，将江水分为两支：一支顺江而下，另一支流入宝瓶口。由于分水堰前端的形状似鱼头，因而被称为"鱼嘴"。

鱼嘴堰是一个岷江分流工程，东边内江供灌溉渠用水，西边外江是岷江的正流。鱼嘴堰自动分配内外江水量：由于内江窄而深，西边外江宽而浅，这样枯水季节水位较低，则60%的江水流入河床低的内江，保证了成都平原的生产生活用水；而洪水来临时，由于水位较高，大部分江水从江面较宽的外江排走。

为了进一步发挥分洪和减灾的作用，保证灌溉区的水量稳定。在鱼嘴分水堤的尾部，靠近宝瓶口的地方，采用竹笼装卵石的办法堆筑，修建了平水槽和"飞沙堰"溢洪道，以保证内江不产生灾害。因江水在溢洪道前的弯道形成环流，江水超过堰顶时夹带的泥石便流到外江，这样便不会淤塞内江和宝瓶口水道，故取名"飞沙堰"。

为了观测和控制内江水量，又雕刻了三个石桩人像，放于水中，以"枯水不淹足，洪水不过肩"来确定水位。还凿制石马置于江心，以此作为每年最小水量时淘滩的标准。

李冰主持创建的都江堰，正确处理鱼嘴分水堤、飞沙堰泄洪道、宝瓶口引水口等主体工程的关系，使其相互依赖，功能互补，巧妙配合，浑然一体，形成布局合理的系统工程，联合发挥分流分沙、泄洪排沙、引水疏沙的重要作用，使其枯水不缺，洪水不淹。

都江堰三大部分的奥妙之处，在于科学地解决了江水自动分流、自动排沙、控制进水流量等问题，消除了水患。

都江堰水利工程

都江堰保证了大约300万亩良田的灌溉，使成都平原成为旱涝保收的天府之国。

⊙史实链接

都江堰的创建，有特定的历史根源。战国时期，刀兵峰起，战乱纷呈，饱受战乱之苦的人民，渴望中国尽快统一。这时，经过商鞅变法改革的秦国一时名君贤相辈出，国势日盛。他们认识到巴、蜀在统一中国中特殊的战略地位，"得蜀则得楚，楚亡则天下并矣"。公元前316年，秦惠文王吞并蜀国。在这一历史大背景下，秦国决心根治岷江水患，发展川西农业，为秦国统一中国创造经济基础。

李冰知天文、识地理、隐居岷峨。他到任后组织带领人们，排除了种种迷信的阻挠，妥善地解

李冰雕像

决了秦王亲戚华阳侯的嫉妒以及制造的一系列谣言、中伤事件，及时地处理了工程当中的问题和紧急状况。经过8年努力，终于建成了都江堰这一历史工程。

千百年来，四川人民一直崇敬李冰，尊称他为"川主"，各地还修有"川主祠"，以表达对他的怀念。

⊙古今评说

都江堰是一个防洪、灌溉、航运综合水利工程。都江堰的修建，针对岷江与成都平原的悬江特点与矛盾，充分利用自然资源，巧夺天工、变害为

利，沿用至今，是全世界迄今为止仅存的一项伟大的"古代生态工程"。都江堰水利工程开创了中国古代水利史上的新纪元，标志着中国水利史进入了一个新阶段，在世界水利史上写下了光辉的一页。

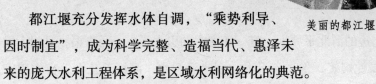

美丽的都江堰

都江堰充分发挥水体自调，"乘势利导、因时制宜"，成为科学完整、造福当代、惠泽未来的庞大水利工程体系，是区域水利网络化的典范。

都江堰取得的科学成就，世界绝无仅有，受到国际人士的高度评价。

带来万世之利的郑国渠

⊙拾遗钩沉

在西安北边的渭北平原上，有一条宽大的引水渠——泾惠渠，又叫人民引泾渠。它委蛇婉蜒，像一条卧龙，引来泾河水，灌溉着几十万亩农田。它的前身，就是战国时期开凿的著名水利工程——郑国渠。

郑国渠是秦王嬴政元年到十年兴建的，距离今天已经有2 200多年的历史了。因为设计和主持施工的人名叫郑国，所以人们称它为郑国渠。

郑国渠的渠首选择在仲山西麓的瓠口（今泾阳县王桥乡船头村西北）。泾河穿过彬县、永寿、淳化、礼泉，在这里冲出崇山峡谷，进入渭北平原。郑国利用这里丰富的石科，就地取材，垒石筑坝，抬高水位。在修筑堰坝时，郑国把坝身与泾河水流方向设计成由西北到东南的适当斜角，这样便相对减弱了洪水对堰坝的压力和冲击力，还可以多引水，完全符合水流的力学原理。引水口设置在泾河弯道处内侧凹岸顶点稍偏下游的位置，而河流的规律是偏向凹岸的一侧流速大，河道深，水量充沛，弯处的底部泥沙则流向外侧凸岸。郑国选择设计的引水口，进水量多。就是在水位下降的枯

战国时期开凿的著名水利工程——郑国渠

水季节，河水主流仍然靠近引水口，同时又能减少泥沙进入水渠，避免渠道淤积。这种在掌握和控制水源上的精心设计，对河流自然规律的巧妙利用，的确是独具匠心。

从引水口到灌溉干渠，修有十多里长的引水渠。今天，在王桥乡船头村西北的泾河东岸上，还保存有引水渠故道的遗迹。当年的引水渠，宽达15～20米，堤高3～5米。引水渠下来就是总干渠。值得一提的是在灌溉总干渠上修有退水渠，宽度与引水渠基本相同。这种退水渠的作用，相当于现代水利工程中的溢洪道。一方面，它可以排泄山洪和多引的渠水，保证干渠的安全；另一方面，它还可以起到排除泥沙的作用，防止渠道淤塞。引水渠、退水渠和灌溉总干渠几个部分互相结合，组成了郑国渠水利系统的骨架。

郑国渠的渠线设计布局充分利用了地形特点。它的主干渠沿北山脚下自西向东伸展，很自然地把渠道布置在灌区内比较高的地带上。当年的郑国渠流经了今天的泾阳、三原、阎良、富平、临潼、渭南、蒲城等7个县区，最后注入洛河。渭北平原的自然形状，就像两个大台阶，而郑国渠的主渠道，恰好就修建在台阶上方的最高线上，从而最大限度地增加了灌溉面积。在当时没有精确测量仪器的条件下，就能在大面积范围内测量出最合理的流经线路，这充分反映了我们祖先的聪明才智。

郑国渠对穿越渠线的小河采取了"横绝"技术。横绝，就是把小河拦腰截断，将水引入灌溉渠内。这种设计，是我国

郑国渠

古代劳动人民在兴修水利中的发明创造。一方面，横绝利用了小河的水流资源，增加了灌溉水流量；另一方面，被截断河流的下游河床又能变成可耕地。据估计，郑国渠通过横绝小河，大概可以增加耕地10万亩。

⊙史实链接

据《史记》记载，郑国渠修成以后，灌溉面积达4万余顷，相当于今天200多万亩。当时渭北有不少盐碱地，土质瘠薄，庄稼长势很差。郑国渠引来的泾河水中含有大量的泥沙，其中有丰富的有机质。用这种泥水灌溉，能增加土壤的肥力，还可以压盐冲碱，再加上其他措施，可以使贫瘠的土壤得到改良。《史记》中说，由于郑国渠的修建，关中的土地变为肥沃的农田，再也没有歉收的年份。当时灌区的土地大约亩产在160千克。在两千多年前那种简陋的生产条件下，这个产量确实是很高的。

秦王嬴政从即位到统一全国，前后共用了25年。在郑国渠未完成的前10年，秦国遇到的全国性严重自然灾害就达5次之多。秦国既要应对频繁的自然灾害，又要准备发动统一全国的战争，承受着特别沉重的经济压力。而郑国渠修成后，灌溉区域的粮食单位面积产量大幅度提高，能够持续稳定地获得丰收，对于保证秦国的军需民生起了重要作用。昔日地广人稀的穷乡僻壤，逐渐变成了千里沃野。此后，关中经济迅速发展起来，人称"富饶甲天下"，有"天府"之誉。在秦国的统一战争中，关中地区除了供应京都咸阳的生活必需外，还源源不断地给前线提供大量人力和物力，成为关东战场的供给地和大本营。秦国之所以能够完成统一大业，与郑国

雄伟壮观的郑国渠

渠的修建是分不开的。

⊙古今评说

郑国渠的修建，在水利工程技术方而有着许多发明和创造。在这以前，虽然也有不少水利渠道，但都比较简单，规模也较小。可郑国渠却不同，它由拦河堰坝、引水渠、退水渠、灌溉干支渠、截断小型河流的横绝工程等各个部分组成，互相配套成龙，规模宏伟壮观，形成了一个完整的大型灌溉工程体系，它标志着我国古代水利科学技术发展到了一个新的阶段。它所运用的设计和施工方法，在当时是十分先进的，其中有些原理一直被沿用到今天。像郑国渠这么宏大而又严密的工程，不但在我国早期水利史上是少有的，就是在世界古代水利史上也屈指可数。

独特的地下长河——坎儿井

⊙拾遗钩沉

在我国著名的神话小说《西游记》里，描绘了唐僧在西去取经的路上，遭遇火焰山阻挡的故事。小说里写道，800里火焰山，寸草不生，飞鸟不得过。只有取得铁扇公主的芭蕉扇一把，一扇熄火，二扇生风，三扇下雨，才能布谷长禾。这个故事，虽则是神话，却说明了火焰山一带气候炎热，雨水奇缺。生活在这一带的劳动人民为找水源，发展农业，作了许多尝试。经过世代努力，创造出一种适应当地特异地形和地质结构的地下灌溉系统，这就是举世闻名的坎儿井。

坎儿井究竟始于何时?在《史记·河渠书》里，记载了最早的井渠——汉代修龙首渠的故事。

龙首渠是一条引洛灌渠，在开发洛河水利的历史上是首创工程。它是今存的洛惠渠的前身。汉武帝时，有一个叫庄熊罴的人向皇帝上书，建议开渠引洛水灌田。他说临晋（今大荔）的老百姓愿意开挖一条引洛水的渠道灌溉重泉（今蒲城县东20千米），如果渠道修成了，就可以使1万多顷的盐碱地得到灌溉，可收到亩产十石的效益。武帝很快采纳了这一建议，并征集了1万多民夫前去开渠。

坎儿井龙口

10

开挖过程中，遇到一个很大的难题，就是渠道必须经过商颜山（今又叫铁镰山）。起先，开了一条明渠绕过山脚。可是，一场暴雨，顺着山涧流下的山洪，卷着沙石呼啸着向山下冲去，山脚的黄土层受雨水侵蚀，大块大块地崩塌了。这样，刚刚筑好的渠道被冲得七零八落。怎么办？这时有人提议，从地下穿过商颜山，开条井渠，也就是今天的隧道，但是只有两个进出口，何时能打通？因此，他想了个办法，先在山上向暗渠线间隔打井（有的井深达四十余丈），再从井底向两边开暗渠，使之相通行水。相传在掘井施工时，曾掘到恐龙的化石，人们奔走相告，说缚住龙王了，并在当地修了一座缚龙寺。这井渠就取名为龙首渠。和以前所开渠道相比，龙首渠的风格是独特的，从洛河蜿蜒而来的渠道，就似一条长龙，经商颜山时，它的一节突然不见，而后又出人意料地穿过商颜山而复出。渠道通水后，远近百姓都争相来商颜山观看这一新鲜事。显然，此井渠与现代坎儿井布局一样。

坎儿井工程共分三个部分：一是立井，又叫工作井。是和地面垂直的井道，在开掘和修浚时用于出土和通风；二是暗渠，是在地下开挖的河道，为主要的输水道，把地下潜水由地层通到农田；三是明渠，就是田边输水灌溉的渠道。从山上流下的渠水，渗入地下后，被聚集在进水部分，再通过输水部分，引到地面，送到田间。

挖修坎儿井，既要地面坡度大，而地面坡度与地下水面坡度差也要大，这样才能得到更多的水量，并使水通过坎儿井自流到地面。由于地面有一定坡度，而暗渠一般坡度较小，所以立井深度越往上游越深，最深可达60～70米；下游

地下长河——坎儿井

临近出口处，只有10米左右。暗渠的长短不一，最长30多千米，最短也有1千米，一般约10千米。暗渠断面一般高为1～2米，宽1米以下，断面较大的可通过一两人。地下水也从暗渠底部、两侧，甚至顶部渗入渠中，渠水深一般可达0.4～0.8米。水源较少的井渠出口后，一般还修筑小型蓄水池。这种小型蓄水池，当地人称为"涝坎"。

⊙史实链接

据历史记载，西汉时期，汉武帝曾派遣张骞出使西域，沿途山岭横亘，戈壁千里，黄沙无垠。道路艰难不说，最缺乏的还是水，常常一行数百里见不到水。张骞注意到，当地农民多居住在山麓近水一带。农民们用山谷雪水和地下水汇聚成的泉水出露部分灌田和饮用。张骞成了沙漠古道的开路先驱。他将内地农业生产技术带到了边疆。从此，在这条驼铃叮当的沙漠古道上，西域与内地的经济文化交往日趋频繁，内地水渠、井渠法也相继传入。

据《水经·河水注》记载，在西汉，敦煌人就曾率领士兵4 000人在楼兰附近兴修水利。据考古发现，在今沙雅县东，至今仍可见到长达100多千米、宽约8米、深约3米的古渠遗迹，当地人还称之为"汉人渠"。1975年6月，文物工作者在北泾河上游发现又一井渠遗址。据考证，此渠与修龙首渠相差时间不远，和新疆的坎儿井十分相似。

⊙古今评说

几千年来，新疆各族人民，依靠坎儿井，开垦了千顷良田，使干旱荒漠的吐鲁番变成了盛产葡萄、哈密瓜和长绒棉的富饶绿洲。

这种坎儿井特别适宜干旱缺水地区的地下水开采。它与明渠引水相比，有不需动力提灌设备，水质纯清，不易受污染等优点。最重要的是由于水在地下流动，有效地防止了地面的强烈蒸发，水量长期保持稳定，不受气候干旱影响。我国新疆的其他地区以及甘肃、陕西的干旱少雨地区，都开挖了许多坎儿井。中亚的伊朗、土库曼使用坎儿井的历史也很悠久。有人认为，它还是丝绸之路文明交往的一大功绩呢。

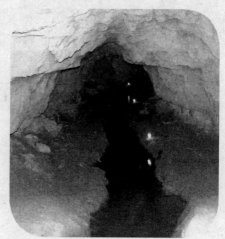

独特的坎儿井

为利千年的它山堰

⊙拾遗钩沉

唐朝是中国封建社会的极盛时期。贞观、开元年间，曾出现"马牛布野，外户动则数月不闭'，"四季丰稔，百姓殷富"的盛况。在这个时期，由于吸收前人经验，重视水利建设，农田水利工程得到了蓬勃发展。特别是江南，长江中下游一带，小型水利工程大量兴修，促进了农业的兴旺和经济的繁荣。这个时期，水利工程大中小都有，遍布全国各地，在水利工程设计与施工技术方面达到了相当高的水平，浙江宁波附近的它山堰就是其中的突出代表。

它山堰所在的鄞江镇，素有"四明首镇"之称，其上流为四明山区。鄞江镇之下为鄞西平原。鄞江水源上承樟溪，樟溪又是大皎溪和小皎溪汇合而成。300多平方千米的四明山来水，均经鄞江泄泻，而鄞西七乡庄稼，也大多靠鄞江灌溉。

唐以前，鄞江上游江河不分，四明山上泻下来的水经鄞江注入奉化江，"与海潮接，咸不可溉田"，江潮上涨时，"民不能饮，禾不能灌"。为了变水害为水利，唐文宗大和七年（833年），当时的县令王元伟负责修建了它山堰这项水利工程。

1 000多年来，这座大堰几

14

全国重点文物保护单位——它山堰

经修茸，至今仍完好地存在着，它犹如巨龙横亘在宽阔的溪流中，巨大的条石层层级级垒成堰身如砥，游人见此古堰，无不惊叹该堰的雄伟。即使从今人观点来看，古人在如此巨流上截溪筑堰，且经千余年而不毁，堪称历史奇迹！

为了解开这千年奇迹之谜，水利部门趁全面整修之时，对它山堰进行了实地勘探，取得了全面确切的数据，发现了千年来从未被人揭示过的奥秘，证实了堰体安如磐石、千年不毁的科学依据。

据实测，它山堰全长113.73米，面宽4.8米，高程实为3.85米，其底层为厚3.7～6.4米的黏土夹碎石层。根据参与实测的水利工程专家论证，它山堰的修建符合现代科学的原理。

它的堰体向上作了5度倾斜，与堰底水平情况相比，使堰体水平抗滑能力提高1倍以上，在国内外的古水利工程上应用这一水利建筑物设计方法尚属首创。

其次，堰体所筑黏土夹砂层，有效地提高了防渗性，增加了土的抗剪强度。这一做法与20世纪20年代才奠基的现代土力学理论相一致。

其三，堰体厚度不是传统的等厚布置，而是采用与现代水利工程理论类似的变厚方式。堰体中央厚为3.85米，朝左右两侧逐渐减薄为2米左右。这一变厚方式，使堰体刚度增加7倍以上。

同时，堰体平面略带向上游鼓出的弧形，下游的出水处又有阶梯式护堰，可使水流向河床中心集中，减少向两岸冲刷力度。这与近代力学的分散消能原理相同，堪称奇迹！

以上科学理论，是20世纪才被发现的，而它山堰在9世纪时已经应用，这怎能不

唐代兴建的它山堰

令中外学术界震惊和叹服。

它山堰还有配套设施。考虑到暴雨后下游泄流不足。王元伟在沿江的江塘上，续建了"乌金"、"积读"、"行春"3座闸，加强启闭泄蓄。涝时开闸排洪，旱时顶潮纳淡，调节河网的水量。

它山堰

⊙史实链接

唐朝大和年间，鄞县来了一个县令叫王元伟。王元伟，山东琅琊人，自幼好学，为人正直，对水利工程建设很有研究。当了县令后，更是勤政廉洁，为人民做了不少好事。他奖励勤劳，崇尚孝慈敦朴，力戒游闲懒惰，严惩贪婪之徒，数年境内大治。一段时间，坏人远离，民皆喜庆。

为兴水利，王之伟率人顺溪而下，直到鄞江出山峡处的它山附近。他们看到大溪南岸多山，北岸比较平坦，溪中有小阜突起，高10余米，因没有与别的山相接，故叫它山，意即"孤山"。它山与对面山脉相距150米左右，挟持大溪之水，地形实是险要。王之伟感到"这里河道狭窄，山岩裸露，基础坚实，工程量少，而且施工方便"，"二山夹流，钤镇两岸"，是个理想筑坝地方，于是就决定在它山这个地方筑堰。

⊙古今评说

它山堰，是我国古代杰出的水利工程，它位于鄞州鄞江镇它山旁，樟溪出口处。从建造时算起，已有1 150多年历史了，被誉为："中国古代四大水利工程之一。"

它山堰建成后，鄞西平原成了鱼米之乡，稻黍迎风，阡陌纵横，风光明媚，景色如画，当地百姓尽享其利。民众为感王元伟之功德，专门为他建了寺庙，立了塑像，年年祭祀，香火不断。

为它山堰建设而牺牲的工人

它山堰建成后，宋、元、明、清各朝都曾加以培修，使它不断发挥效益。它山堰千年不毁，历代众多文人也作诗传颂。如今，它山堰周围已兴建起许多现代化的水利工程。古老的它山堰与宏伟的现代化水利工程上下联系，互相配合，形成了宏伟的鄞西水利网络工程，给这一带的山河增添了壮观景色，更给鄞西人民带来了世代福祉。

濒海长城——钱塘江海塘

⊙拾遗钩沉

离开风景秀丽的西子湖畔，乘车沿着杭沪公路往东，前方隐隐出现一道黑色的带子，随着海岸伸延，望不到它的尽头。这便是我国古代劳动人民为防海潮入侵而修筑的人工长堤——海塘。

海塘，北面从江苏省的常熟起，西南到浙江省的杭州市止，全长约400千米，分江苏海塘和浙西海塘两大部分。江苏海塘大部分濒江，小部分临海，所经之地为常熟、太仓、宝山、浦东、奉贤、松江、金山等县区，长约250千米。浙西海塘经平湖、海盐、海宁至杭州钱塘江口，长约150千米。

海塘的塘身，一般高达10米，全部是用大块巨石分层叠砌而成，上窄下宽，成梯形状。人们可以从塘顶一级一级往下走，直达海滩。大石块有的长2米，宽厚各0.6米；有的长1.5米，其选料与叠砌的方法很讲究，整个海塘浑然一体。

海塘开始兴建的年代，已经难以查考。但《水经注》转引过《钱塘记》这则传说，相传在东汉末年，杭州城里有一个名叫曹华信的人，他很有钱，主张在钱塘江口修建海塘。他在招募民工时说，一担土石给钱1 000，于是就有很多的人运送土石来。但曹华信这人不讲信用，土石运到后不给钱，民工一气之下，丢下土石便走。这些土石堆积成的海塘，当时就叫作钱塘。其实，这一传说并不可信，因为早在秦始皇时就设置了钱塘县。而东汉时劳动人民在与自然界作斗争中，为了防止海潮的侵袭，构筑海塘工

18

程，更接近事实。

早期的海塘是"板筑"的，就是像打泥墙那样两面木板夹起，中间填土来筑海塘。但由于海潮昼夜冲击，来势过猛，这种海塘遭受破坏十分严重。

到五代吴越王钱镠时期，海塘工程有了发展。钱镠曾在杭州候

钱塘江海塘

潮门和通江门外筑塘防潮，采取了一种新方法，用竹笼装满石头放在塘址上，然后再打大木桩把竹笼固定起来，成为堤岸，这样就坚固多了。这种"石囤木桩法"，使海塘工程大大前进了一步。

后来到了宋代，我国江浙沿海一带发生了很大变迁，一些沧海淤积成陆，一些陆地沉沦为沧海。为了适应这种变化，在北宋和南宋年间都不断对海塘加以修筑，在不断加修海塘的过程中，塘工技术也得到了较大的发展。大中祥符五年（1012年）修筑钱塘时，发现竹笼装石筑塘，竹腐石散，海塘易毁，便改用以柴土为材料的"柴塘"。景祐年间（1034—1038年）又将部分土塘和"柴筑"改为石塘。到南宋时又发明了一种新方法，就是在海塘之内，加筑一道土塘，开凿一条备塘河，以捍卤潮。这种办法对防卤潮，确保农业生产，起到了很大作用。现在的海塘之内，有一条内河（叫备塘河），河内又有一道土塘，这就是防卤潮用的，通称土备塘。

明、清时期，是我国海塘工程的大发展时期。这个时期在海塘工程上所投入的人力、物力之多，技术上的进步，都超过了其他

壮观的海塘

19

任何历史时期。据史籍记载，从1370年至1780年，先后大规模修筑海塘28次。仅明永乐十三年（1415年），一次修筑海塘，就动用民工10余万，历时3年，费财千万。

由上可见，海塘工程自汉至清，由局部连成一线，从土塘演变为石塘，经历了漫长的岁月。充分体现出我国历代劳动人民防止海潮侵袭的坚强意志与创造才能。

⊙史实链接

汪洋大海，白浪滔天。见过大海的人，都会感觉到它有着无限的活力。一会儿，海水低落下去，海滩慢慢露出水面。到一定的时间，海水又推波助澜，奔腾而来。海面总是按时上涨，又按时下降，海洋好像在有节奏地"呼吸"。这种现象叫作潮汐。

钱塘江观潮

关于潮汐的发生原因，在科学不发达的古代，有许许多多的神奇传说，如《山海经》认为潮汐的发生是由于"海鳅之出入"，《浮屠书》则认为是"神龙之变化"。

17世纪，对潮汐才有科学的解释。潮汐是由于月亮和太阳对地球不同地方的海水质点的引力不同而引起的，大约在24小时50分的时间中，涨落两次，白天海面的涨落叫"潮"，晚上涨落叫"汐"，合称为"潮汐"。

20

⊙古今评说

我们伟大的祖国不仅是一个领土辽阔的大陆国家，而且也是一个海洋国家。我们的祖先很早就开始利用大海为人类造福，同时也开始了征服海洋的斗争。海塘就是中国古代劳动人们征服海洋潮汐的历史见证，同时也是我国水利史上的一座丰碑。

海塘是古代劳动人民遗留下来的杰作。其规模之宏大、工程之艰巨、动员人数之众多，仅次于万里长城和京杭大运河。直到今天，它犹如一座万里长城，蜿蜒模亘在祖国漫长的海岸线上，阻挡住日夜交替的汹涌澎湃的海潮，捍卫着沿海各地美丽、富饶的农产区域，使沿海人民安度岁月。

最早的大型蓄水灌溉工程——芍陂

⊙拾遗钩沉

打开安徽省地图，就可以看到，在寿县城南约30千米处，夹在城东湖、瓦埠湖、阳湖的中间，有一颗像心形似的美丽绿珠，名叫安丰塘。你站在大坝上，看着坝下的闸门慢慢拽起，清清的流水沿着整齐的渠道流向远处，滋润着碧波万顷的禾苗，一定会感到心旷神怡。

这个塘，和我们今天那些耸立的高坝，壮阔浩瀚的大水库相比，或许会显得娇小。正因为这样，人们才恰如其份地把它叫作"塘"。可是，如果你看看这个"塘"的历史，你就会觉得，这个"塘"可身世不凡。它就是古代曾享有盛名的我国最早的大型蓄水灌溉工程——芍陂。

早在春秋中叶，寿春一带已经成为楚国的重要农业区了，但是，这里东、西、南三面群山环绕，每逢雨季，山洪经过这里流入淮水，对农田危害很大；若遇缺雨年份，则又常闹旱灾。

楚国为了争霸称雄，急需富国强兵，所以十分重视寿春一带的农业。楚庄王时期（公元前613—前591年），令尹宰相孙叔敖奉庄王的命令，在今河南固始、安徽霍丘、寿春一带大办水利，据《后汉书》记载："决期思（今河南省固始县西北）之水，灌零娄（今安徽合肥的西北、霍丘西南）之野。"并且兴建了我国第一座人工大水库——芍陂。《水经注》记载："芍陂"周长60多千米，在寿春县南40千米，"言楚相孙叔敖所造"。可见早期的芍陂规模已经不小。由于芍陂周围连年丰收，东晋时期改称"安丰塘"。

芍陂建立以后，较大程度地解除了这里的旱涝威胁，使这一带的农业得到更好的发展，寿春一带更显得富裕和重要了。到楚考烈王二十二年（公元前241年），楚国被秦国打败，便迁都到这里，并把寿春改名为郢。

芍陂

芍陂地势是南高北低，稻田布于西、北、东三面，在陂的这3面开了4个水门，并开渠道，以利灌溉和排洪。为了扩大水源，又在陂的西南方开了一条子午渠，上通淠河。因淠河发源于大别山，上游雨量充沛，使芍陂有比较充足的水源。据《水经注》记载，当时还有断神水（濠水）等水引入，芍陂库址又是处在一片低洼的地方，东西南三面山岗的雨水经过这里，一部分汇集入淮，一部分注入陂内。所以，芍陂的水源较丰富，陂内可以容蓄数千万立方米的水量。在少雨时节放水灌溉，在干旱的年份，就更显出它的巨大作用了。

芍陂的建筑物除了土坝以外，还有5个水门，这5个水门至迟在北魏时期就建立了。它们的作用是用以"吐纳川流"，节制水库用水。

芍陂虽然在历代战役中多次受到破坏，但由于它对发展当地的农业有着巨大的作用，所以，古代一些重视发展生产的政治家、军事家和水利家曾多次对芍陂进行整修。但由于地主豪绅强占良田，70%的塘身被占为田，使灌溉效益锐减。直到新中国成立后，才重换新装，充分地发挥出了功效。

今天的芍陂

23

⊙史实链接

第一次较大规模的整修芍陂是在东汉建初八年（83年），由著名治河专家王景主持。当时，王景出任庐江太守，他很了解芍陂的历史及其作用。那时候，芍陂已经经历了六七百年的岁月，因年久失修，陂内大部分被淤塞，堤坝和渠道都残破不全。王景亲自组织官吏和附近的群众清除陂内淤积物，重新修筑拦河土坝，整理渠道。据说他还在新修的拦河坝上，从坝顶到坝底打上一排排的木桩，用以加固坝身。此外，王景还推广牛耕和蚕织技术，从此以后，寿春地区"垦辟倍多，境内丰给"。

三国时期，曹魏在淮河流域一带进行了大规模的屯田，大兴水利，先后多次修建芍陂。其中规模较大的有两次：一次是在汉建安五年（200年），由扬州刺史刘馥修治；另一次是在魏正始二年（241年），由邓艾修治。邓艾还在附近修建大小陂塘50余所，大大扩展了这一带的灌溉面积，在芍陂北堤又凿大香门通淠河，开芍陂渎引水通肥河，以利大水时泄洪。当时，"沿淮诸镇，并仰给于此"。可见，这个时候的芍陂又发挥着多么显著的作用。到公元288—289年（西晋太康后期），"旧修芍陂，年用数万人"，说明芍陂已建立了岁修制度。

⊙古今评说

清代著名学者顾祖禹评论芍陂在历史上的作用时说，曹魏"开芍陂屯田而军用饶给，齐梁间皆于芍陂屯田而转输无扰"，并说芍陂是淮南田赋之本，这是基本合乎历史事实的。

芍陂经历了2 000多年漫长的历史兴而复衰，衰而复兴，这中间，倾注了多少劳动人民辛勤劳作的汗水。今天，它仍然屹立在祖国的大地上，经过扩建，安丰塘蓄水量已达7 300多万立方米，灌溉面积已达63万亩，正发挥着巨大的作用，这不能不算是一个奇迹。

24

肖绍平原上的明珠——鉴湖

⊙拾遗钩沉

　　早在东汉以前，在现浙江省的肖绍平原上，布满了许许多多大小不等的湖泊。在这些湖群的南端，是高耸的会稽山脉，山峰间的几十条溪流自南向北注入湖群。而在湖群的北端则是一片宽广的平原，再北便是杭州湾即大海了。这样，便形成了"山脉—湖群—平原—大海"的台阶式地形。由于这些分散的湖泊蓄水量有限，山洪暴发之际，往往使湖堤决溃，一片泽国，其北端的农田深受其害。而一旦天旱，附近农田固然可以依靠这些湖群得到一些灌溉，但因湖泊蓄水量有限，远不能满足农田用水的需要。

　　到了东汉永和五年（140年），会稽郡太守马臻亲自主持，把历代修筑的各湖泊的湖堤连成了一个整体，这就是鉴湖。

　　马臻在主持鉴湖水利工程时，首先根据鉴湖地区地表水、地下水由南向北流的水势特点，在鉴湖北边以会稽郡城为中心，向东车蒿口斗门（今上虞县蒿堤），自西北至广陵斗门（今绍兴县大王庙村），修筑东西两条大堤，据考证堤全长为56.5千米。大堤修成以后，便把发源于会稽山区的若耶溪等36条大小扛河水流的水，全部汇流于鉴湖之中。这时候的鉴湖，东到曹娥江边，

鉴湖之父——马臻

25

西到钱清镇附近，北到大堤，南至会稽山麓，形成面积为179.9平方千米（包括湖中岛屿17.22平方千米）。除去原来一些残丘高地露出水面之外，鉴湖已经成为一片波光浩森的大泽国了，成为当时浙东沿海地区最大的湖泊，也是我国东部沿海地区最大、最古老的人工湖泊之一。

由于东部地形略高于西部，鉴湖实际上又分成两部分。以郡城东南从稽山门到禹陵约长六里的驿路作为分湖堤，东部称为东湖，面积约107平方千米；西部称西湖。东湖水位一般比西湖高半米至1米。湖区中，三五相连的低矮冈阜和零星孤丘为数不少，所以即使在湖泊整个形成之后，湖内仍有许多洲岛，较著名的有三山、姚屿、道士庄、干山等，著名的古迹兰亭，有一度也在鉴湖之中。这些洲岛周围和其他湖底浅处，仍可常时或间时进行耕作。

除了大堤外，马臻还修筑了湖区多处涵闸排灌设备。涵闸包括斗门、闸、堰、阴沟等四种。斗门主要设置在鉴湖与潮汐河流直接沟通之处，既用于排洪，也用于拒咸。闸和堰置于鉴湖和主要内湖沟通之处。它的作用，一是排洪，二是供给内河灌溉用水，以保证内河通行舟楫的必要水位。阴沟是沟通湖南和湖外内河的小型输水隧道。

鉴湖形成之后，比较有效地拦蓄南来的洪水，既保证北端的农田不受水患，也使天旱时农田获得灌溉用水，加上整个工程中一套套涵闸排灌设备，如斗门、闸、堰与涵管等，就使得鉴湖的灌溉效益越来越大。据《通典·州郡十二》说："水少则泄湖灌田，水多则闭湖泄田中水入海，浙以无凶年。其堤塘周回三百一十里，溉田九千顷。"《水经注》亦记载："沿湖开水门九十六所，下灌田万顷。"所以在

美丽的鉴湖风景

此后大约800年中，这一地区的水旱灾害大大减少，农业生产大为增加。

⊙史实链接

当鉴湖长堤筑好并开始蓄水之后，随着湖水水位的不断升高，原来存在于各分散湖泊之间的耕地、房屋和坟墓也不免被淹没了一些，而其中有一部分是当地豪绅的房屋和墓地。于是，鉴湖这样一项造福百姓的伟大工程激怒了当地的豪绅，马臻也就成了他们的眼中钉。为了发泄对马臻的不满，他们曾策划了很多阴谋诡计，妄想破坏鉴湖，陷害马臻，但都未能如愿。因马臻当时是堂堂太守，几个豪绅一时奈何不了。

一天夜晚，有一个豪绅突然想出了个歪主意，准备"联名控告马臻"。他连夜纠集了5个豪绅草拟控告书，说鉴湖多淹墓冢，马臻罪该万死。控告书写好之后，这5个豪绅又连夜搬来了各族的家谱，把死人的名字通通往上填，一直闹到快到第二天拂晓，一张签有千余个死人名字的控告书终于完成了。

朝廷接到这封匿名控告书之后，一见有千余人签名，竟不问是非黑白，立即决定撤销马臻的官职，并将马臻处以极刑。就这样，马臻竟受冤狱而死。

⊙古今评说

鉴湖灌溉工程，因地制宜利用了当地的地形特点。因为鉴湖湖面比北端平原高出四五米，而北端平原又比海面高，可以自流灌溉，非常方便。史书上写道：筑塘蓄水高丈余，田又高海丈余。若水少，则泄湖灌田；如水多，则闭湖泄田中水入海，灌排自如。所以鉴湖工程的确不愧为历史上一项重要的水利工程。主持修建这一工程的马臻，有人把他誉为长江以南水利工程的"奠基人"也并不过分。

鉴湖自东汉形成直到宋朝初年的800余年中，一直发挥着巨大的灌溉作用。此后，由于泥沙淤积以及围垦等原因，鉴湖效益逐渐减少。到了南宋淳熙二年（1175年），朝廷还下诏任由豪强垦占，鉴湖便告堙废，成了现在的肖绍平原。但鉴湖工程在我国水利史上占有重要的地位，它体现了我国古代劳动人民在沿海地区兴修水利工程的高超技术。

远观鉴湖桥

水利综合工程的里程碑——木兰陂

⊙拾遗钩沉

木兰陂位于福建省莆田市城内木兰山下，始建于宋熙宁八年（1075年），至元丰六年（1083年）建成，是我国古代引、蓄、灌、排、挡综合利用水资源的大型水利工程。

木兰溪发源于德化县戴云山脉，经永春、仙游两县，汇聚了360涧水流，由莆田兴化湾入海，仅在莆田市境内就长达42千米，流域面积1 830平方千米。建陂以前，两岸旱、洪、涝、潮等自然灾害不断，大片土地荒芜，民不聊生。据记载，早在宋治平元年（1064年），就有长乐女子钱四娘，为了根治木兰溪，变水害为水利，携带巨金到莆田。选址于木兰溪的将军岩前，垒石筑陂。不幸的是刚建成就被洪水冲垮，四娘悲痛至极，跃入水中，与陂共亡。不久，她的同乡进士林从世又捐资10万缗，到莆田继续修陂，陂址改在下游临海的温泉口，结果也因选址不当，又告失败。

熙宁八年（1075年），侯官（今福州）人李宏应召到莆田第三次筑陂。他在僧人冯智日协助下，总结前两次筑陂失败的经验教训，细心勘定沿溪地质和水情，选定木兰山麓作为陂址。这里两山夹峙，溪而宽阔，上游洪水到此，因溪面顿然开阔，水势明显变缓。下游海潮上涨时，力量也大为减弱。该地溪床有大块岩石，地质条件较好，是理想的陂址。在莆田人民的支持下，艰苦奋斗8年，终于把陂修好。熙宁十年（1077年）李宏又致力于附属工程的建设，在陂南修了一座惠南桥（明代改称迴澜桥闸）作为通向溪南平原的进水闸。接着开挖了大小沟渠，把水引到数十个乡村。与

木兰陂

此同时，还围筑海堤，设置陡门、涵洞和"水则关"等，形成一个完整的水利工程体系。

现存木兰陂水利工程可分为：陂首枢纽工程、渠系工程和沿溪堤防工程三大部分。

枢纽工程由溢流堰，南北渠进水闸、冲沙闸、导流堤组成。溢流堰高7.5米，长219.13米。其中闸堰式坝长111.13米，分为32孔，总净宽70.4米。陂南端设置冲沙闸一孔，门宽4.2米，闸底比其他闸孔低50厘米，用以排除淤积泥沙，保证溢流堰正常通用，使进水口畅通。南渠进水闸——"迴澜桥"闸门二孔，净宽6.1米；北渠进水闸——"万金陡门"单孔，宽2.95米。

溢流堰系闸堰式坝身结构，由闸室、上游护坦和下游阶梯式消能坦水组成。闸堰基础建于坚实的岩层之上，用35厘米×60厘米×300厘米的巨石作为基础，钩锁结砌，渐高渐缩至石梁，分为32门。砌石为墩，墩高1.6米，长4.6米，墩身结构为紧密相连的上下两部分。上半墩长3.1米，用大块花岗石砌筑；迎水面墩首砌成锐角以分水势。下半墩内竖立断面60厘米×60厘米称为将军柱的元宝形石柱，"犬牙相入，熔生铁灌之以固址，互相钩钻"，然后四面用条石包砌形成整体，上游墩顶盖以310厘米×90厘米×45厘米，重约3吨的压顶石，以增强闸墩的整体性和稳定性，同时还起了平梁桥的作用，供人

木兰陂景观

30

通行。

　　渠系和堤防工程包括陂南由"迴澜桥"开凿的引水渠，经历代陆续扩展，溪南平原沟渠总长199.8千米，溪北平原自元延祐二年（1315年）开"万金陡门"以后，沟渠也不断扩展绵延，现总长达109.7千米。南北洋还建渠系涵闸等建筑物344处。滨海地带建海堤87.7千米，确保兴化平原不受潮汐之害。

⊙史实链接

　　为了在木兰溪上筑陂，钱四娘在北宋治平元年（1064年）筹集了修陂的经费，从长乐县来到莆田。为了选择适当的坝址，钱四娘和工匠们长途跋涉，察看了沿木兰溪上下游的地形水势。

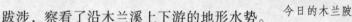

今日的木兰陂

最后选定在木兰溪上游处的将军岩作为坝址。因为这里溪面较窄，工程量小，易于快速竣工。在钱四娘主持与带领下，经过筑陂工匠与劳动人民的艰苦奋战，陂坝终于胜利完成，并在鼓角山西南开挖了一条渠道灌溉农田。

　　在木兰溪上建立了陂坝，是木兰溪上盘古开天的大事。竣工后不久，便下了大雨，木兰陂便开始蓄水并泄流。溪水从木兰陂上滚滚而下，浪雾冲天，由于洪水量越来越大，水流过陂的流速太大，新建的木兰陂经受不了洪水的冲击而崩溃了，原来蓄积的陂水奔腾而下。当时正在陂下驾舟巡视工程的钱四娘，见多年之功毁于一旦，悲而投水。

⊙古今评说

　　木兰陂建成之后，"自是南洋之田，天不能旱，水不能涝"，年年获得丰收。同时木兰陂还给木兰溪两岸居民提供了发展航运和水产养殖经济的便利条件，对莆田平原的开发，产生了巨大的经济效益和深远的影响。

历经宋、元、明、清4代900多年来的不断维修和保护，木兰陂经受住了无数次的风雨考验，战胜了无数次的旱涝灾害，至今仍然横卧中流，造福世人，成为福建古代水利综合工程技术史上一个划时代的里程碑。

二、古代运河开凿

连通江淮的邗沟

⊙拾遗钩沉

　　北宋著名文学家、苏门四学士之一的秦观曾写过一首《邗沟》诗："霜落邗沟积水清，寒星无数傍船明。菰蒲深处疑无地，忽有人家笑语声。"这里用白描的手法，勾画深秋时节邗沟美丽恬静的自然风光，以及沟上渔家欢快自在的水上生活。

　　古代的淮河，以其四通八达的水上交通网，为地域经济的发展和各个民族间的文化交流，提供了得天独厚的条件。但是，春秋晚期以前淮河流域与长江流域的水上交通，却是隔绝的。而最早实现沟通江、淮两大水系的，是春秋、战国之际的吴王夫差。他于公元前486年开挖邗沟，距今已经将近2 500年。邗沟的开掘，是古代劳动人民利用自然、改造自然的一项伟大创造。

　　吴王夫差是个雄心勃勃而又刚愎自用的人物，虽然成就了霸业，但接着便身死国灭。在公元前495年的吴、越发生今浙江嘉兴的大战中，夫差的父亲阖闾被越将砍伤，回师途中死去。夫差继位后，誓报越国杀父之仇。不到3年，夫差兴兵伐越，在今太湖椒山大败越军。越王勾践请求投降，吴王答应了越王的要求。至此，吴国已独霸东南。吴王夫差十年（公元前486年）的秋天，吴王在今扬州西北五里的古邗国旧址修筑城墙，开挖运河，以沟通长江和淮河两大流域，这便是中国历史上第一次开挖的人工运河。他的目的是在夺取淮河流域后，北上中原，而后去同齐、晋争夺天下的霸权。吴王夫差十二年，吴、鲁两国联军在艾陵（今山东莱芜东北），打败老牌大国齐国。吴王夫差十四年，他率领大军从开通的邗沟出发，经沂水转济水，与晋定公会盟于黄池（今河南封丘东），争当天下盟主。盟主虽当上了，而这时越军却乘虚而入，楚人从西方接应，直打至姑苏（今苏州）城下。吴王夫差二十一年，越第三次攻吴。吴王夫差二十三年，夫差求和，不被接受。这时他才后悔不听伍子胥之言，但已无济于事，只好自杀。吴国灭亡。

古邗沟

由此可知，吴王夫差时邗沟的开掘，完全是为了军事的需要，这确实在吴国的北上发展中发挥了重大的作用。它的重要性，被与孔子同时代的著名史官左丘明记载在《春秋左传》中，从而流传千古。晋代军事家、《左传》专家杜预写的《春秋左氏传集解》，是流传至今最早、最权威的《左传》注本。他写道："于邗江筑城穿沟，东北通射阳湖，西北至末口入淮，以通粮道，今广陵韩江是也。"

吴王夫差开掘邗沟的重大作用，是把江、淮水系联为一体，为东南经济、文化的发展做出了重大贡献。邗沟从邗城下开挖，引江水北上，经过茱萸湾，穿过武广湖（今称邵伯湖）、陆阳湖（今称绿洋湖）之间，过樊良湖，东北进入博支湖、射阳湖，西北

美丽的邗沟风景

至末口（今淮安北五里北神堰），连接淮河。这就是吴王夫差"邗沟"的起止路线。南段引长江水，中段把江、淮之间的五个湖泊串在一起，北段引的是射阳湖水，南通江，北连淮，为运粮、运兵提供了极大的方便。

这条连结江、淮的南北运河，成为一条黄金水道，把最富庶的两大流域贯串起来，对国家的兴盛发展至关重要，历代统治者都着力加以维护和整治。

⊙史实链接

西汉初期，汉高祖的侄子刘濞被封为吴王。吴王为了开通沿海一带盐运航道，便从扬州的茱萸湾（今湾头）开始，经过海陵仓（今泰州），一直到如皋蟠溪（今如皋市东汤家湾），开凿了一条运盐河，也称作邗沟。这条运河，是吴王邗沟的一条东西向的支流，现在是京杭大运河的组成部分。有了这条运河，就为开发沿海的盐业资源提供了一条最为便捷的航道。所以古代广陵成为著名的盐业集散地。

东汉献帝建安初年（196年），广陵太守陈登对邗沟北段进行整治。邗沟所经过的博支、射阳二湖，湖面大，风浪险恶，航行极不安全。所改航道是：由樊梁湖北上，在津湖（今为界首湖）、白马湖中间凿濑穿沟，而其中的白马湖凿通的就有百里之遥，这样，邗沟不必绕道西行，而直接可以通往淮河。经过截弯取直，既节省了航行时间，又避开了风浪的威胁。历史上称陈登所开的航道叫"邗沟西道"。

⊙古今评说

这条长75余千米，纵贯于长江、淮河间的邗沟很重要，以后两汉、隋、唐、北宋，从江南开展漕运，全由这里运往京师。在2 400多年前，古时水利工程专家们能够建造这样的水道，实属非凡。它在古代中国，在整个人类改造大自然的水利工程史篇上，以熠熠生辉的笔触，写下了开宗明义的

第一章。

由于被推为人类第一条人工河，邗沟这条纵向水道富有历史意义。岁月悠悠，沧桑人间，起于扬州蜀岗下的邗沟，虽然已经淤废，但古远的人工河床尚隐约可见；邗沟源头的大王庙虽早已倾坏，在当今世界性的中国大运河热潮中，仍不乏怀古思恋的中外游客，前来寻古访胜。

今日邗沟

黄淮通流有鸿沟

⊙**古今评说**

　　战国初期，中原崛起了韩、赵、魏3个国家，而其中的魏国最为强大。它的开国之君魏文侯，在位整整半个世纪。他礼贤下士，广聘天下英才，精心治理国家。一时天下英才齐集于魏，深得诸侯国的赞誉，连西方的秦国也不敢侵犯魏国。至第三代国君魏惠王即位，便遭到秦军的不断进攻。在这种情况下，魏惠王便将国都从安邑（今山西夏县西北）迁到黄、淮流域的大梁（今河南开封西北）。

　　魏国迁都之后，便着力发展经济，提高国力，富国强兵，谋图称霸中原。大梁一带河渠纵横，平原广阔，正是发展航运、水利的理想之地。魏惠王在迁都的第二年，修建了秦汉称作"鸿沟"的第一期工程，《竹书纪年》就直接称作"大沟"。"鸿"就是"大"的意思。

　　这一期工程的目标是：从荥阳北引黄河水向南，流入在今郑州和中牟之间的圃田泽，从圃田泽再开"大沟"通往大梁。圃田泽是黄河南岸大泽之一，春秋时叫原圃，战国时又叫囿中。当时的面积大约有170多平方千米。在北朝和唐、宋时期，它的泽面东西宽约5000米，南北长有10 000米，周围150 000米。它对古代黄河中游和鸿沟水系起着重要的调节作用。

　　当时鸿沟的水源，除了从荥阳引黄河之水外，还有从"濮渎"所引之水。《水经注》中这样说：从酸枣（今延津西北古墙村）引濮渎水，经过阳武县（今原阳县）向南，进入当时称之为"十字沟"的水道，而注入"大沟"之中。有人说这条水渠也是梁惠王执政时所开凿的。有了这东西两条水源作依托，就能使大梁有充足的水源供应，为经济发展和国都建设提供了可靠的保证。

鸿沟

"鸿沟"第二期工程，从大梁继续开掘"大沟"，并向淮阳方向延伸。魏惠王三十一年（公元前340年），在大梁城的北面，开掘"大沟"，引圃田之水绕过城东，并折而向南。利用沙水一段河道，经过今通许县东、太康县西，直至淮阳东，再往东南，于沈丘县北注入颍水。

从大梁至颍水一段，战国时始称为"鸿沟"。而具体是哪一年开挖成功的，则未见记载。但是最迟当在魏襄王即位初年（公元前318年）已经完成。就是说，这段运河的开掘，也是在魏惠王三十一年后陆续开通的。

"鸿沟"的开通，联系起了济水、颍水、淮水、泗水及黄河5大水系。太史公在《史记·河渠书》中评论说，从此以后，荥阳下引黄河水东南流，即是鸿沟，流过宋、郑、陈、蔡、曹、卫，和济、汝、淮、泗众水相汇。也就是说，鸿沟水系把今河南、安徽、江苏、山东4省的主要城邑和水运交通，有机地联为一体。

鸿沟的通航，更促进了魏国的繁荣强大，使沿河的定陶（今山东菏泽县南），开封和淮阳（今河南淮阳县），寿春（今安徽寿县），睢阳（今河南商丘）、彭城（今江苏徐州）等迅速成为当时第一流的都市。魏惠王因此就更加神气，敢于带头藐视周天子，于惠王二十六年（公元前344年）自称为王，大摆天子的派头。

黄淮同流有鸿沟

⊙史实链接

鸿沟水系的形成，对魏国国力的提高起到了很大的作用。《史记·苏秦列传》中说到魏国军事实力时说："我私下听说大王的军队计有武士20万，裹着青头巾的贱辛20万，能冲锋陷阵的精锐部队20万，负责杂役的民夫有20万。战车有600辆，战马5 000匹。"当然这可能有纵横家的夸大之辞。而要养活这样庞大的军队，必须有充足的粮饷供应和便利的交通运输线，否则是根本办不到的。所以要借助鸿沟水运系统运送军粮10万石以上。《竹书纪年》中也说，魏襄王七年，越王派遣公师隅来献礼，其中有300条船、500万支箭以及犀角、象牙等贵重礼品。越国的庞大船队可能从长江进入邗江而到达淮河，沿淮河上行，进入颍河，再顺着鸿沟到达大梁。当时魏国居中原之地，其经济与军事实力，在战国七雄中是非常雄厚的。

⊙拾遗钩沉

鸿沟修成以后，函谷关（在今河南灵宝县北王垛村）以东的大半个中国，都包括在它和荷水两个水道系统中，使这大半个中国经济上息息相通，因而形成一连串的经济都会。

在文化方面，古代黄河和济水流域文化和习俗基本相同，但与南方楚国、吴国的文化习俗差异较大，鸿沟的开凿，方便了交通，江淮货物可运到黄河流域，直达洛阳，北方文化风俗也影响到南方，促使南北方文化交流，习俗差异减弱，共同发展。

鸿沟系统构成交通的东西南北水道，促进了各地人们频繁的相互交往，沟通了各地经济、文化的交流，为改变诸侯封国并立局面和促进东西南北方的统一奠定了基础。

鸿沟遗址

沟通湘漓的灵渠

⊙**拾遗钩沉**

灵渠是秦始皇出于军事需要而于公元前221年至前214年开凿的一条运河，它沟通了长江支流湘江和珠江支流桂江，所以又称湘桂运河。因它位于广西兴安县境内，故又名兴安运河。

湘江的上源海洋河发源于广西东北部灵川县境内的海洋山，自南向北至兴安县城附近才称湘江。桂江的上源大溶江发源于兴安县北的苗儿山，向南流到大溶江镇称为漓江，到阳朔以下才称为桂江。漓江的小支流灵河和湘江的小支流双女井溪都在兴安县境内，两河相距最近处只有2千米左右，水位差不过数米，中间的分水岭是相对高度为20～30米的山岗，对劈开分水岭，沟通两个水系十分有利。灵渠就是利用这个有利地形开凿而成的。

灵渠的主要工程包括铧嘴、大小天平、南渠和北渠、斗门等设施。

大小天平是用巨石砌成的"人"字形拦河坝，把湘江拦腰截断，抬高水位，逼迫湘江中的部分水流进入南渠，而后注入漓江。大天平靠北渠，长380米；小天平靠南渠，长120米。大小天平是溢流坝，洪水时可漫过坝顶泄入湘江故道，枯水时使海洋河的来水全部进入南北两渠，保持通航水深。由于它有平衡水量的巧妙作用，故名"天平"。

铧嘴是大小天平前端的分水设施，因

灵渠

41

形状象铧犁的"铧嘴"而得名。它把南来的海洋河水一分为二，一股入南渠，一股入北渠。

南渠就是一般所说的灵渠，是沟通湘江和漓江的水道，长约30千米，大部分利用天然河道疏凿而成，完全由人工开挖的仅5千米。在南渠右岸有两处泄水天平和2千米长的渠堤（秦堤）。飞来石附近的叫大泄水天平，兴安城马嘶桥下的叫小泄水天平。泄水天平用于宣泄渠道中多余的水量，保证渠道安全，实际上是南渠的溢洪道。从小天平到兴安城一段南渠，左岸依山，右岸傍湘江故道，为了加固渠堤，秦代用巨石砌筑，故名秦堤。

北渠上接大天平分水，下归湘江本流，全长约4千米。因湘江已被大小天平截断，船只不能越坝而过，故需开凿北渠，使沿湘江上溯的船只沿北渠绕过铧嘴进入南渠。大小天平抬高了上游水位，加大了与下游湘江的落差。为了缓和水流便于航行，在开挖北渠时使其迂回蜿蜒，增加渠道长度，减缓了北渠坡度。

美丽的灵渠

灵渠沟通了长江和珠江两大水系，对南北交通起着重要作用，因此历代统治阶级对灵渠都很重视，多次重修。公元825年，唐朝派李渤重修灵渠时，增设了18个斗门。到了明朝（1396年）以后，斗门又增加为38个。斗门即闸门，在渠道两旁筑成半圆形的闸墩，中间插入木板控制水位。当船只溯水上行时，关闭闸门抬高水位，流势减缓。众多的闸门一级一级地控制，逆水行舟时就省力多了。

⊙史实链接

秦始皇在公元前221年统一了中国的长江流域及其以北的广大地区。以后，接着便令大将屠睢率领大军50万，以江西和湖南为起点分兵五路南下，攻打闽、浙，统一岭南（今广东和广西两省地区）。从江西南下的秦军，所向披靡，很快攻占了浙江、福建和广东。但从湖南进攻广西的秦军，却遇到顽强的抵抗。战争打得很艰苦，据《淮南子·人间训》记载：秦军"三年不解甲驰弩"。当时秦军遇到最突出的困难是军需品供应不上。因为这里高山重叠，河流纵横，既无平坦的大道可走车马，也无相通的河水可行舟楫。为了解决这一问题必须打通湘江和漓江的通道，以求战争的胜利。由此而产生了历史上有名的灵渠。

据《史记·主父偃传》记载，秦始皇二十八年（公元前219年），秦始皇南渡淮水，跨越长江，亲自来到湖南前线检查和部署统一岭南的战争，当他发现进军岭南迟缓的主要原因是支前军需品的供应不足，而军需品供应的关键在于运输时，就当机立断，立即"使监禄凿渠运粮"。监禄接受任务后，便迅速指挥秦军和组织当地的越族民众，克服重重困难，经过几年的努力，终于凿成灵渠，打开了沟通湘桂的走廊。

⊙古今评说

灵渠的建成，不仅解决了秦军支前物资的供应，促进了中华民族的统一，而且大大促进了岭南民众同内地民众的物质和文化交流，两岸的农田也由于灵渠的开凿而受到灌溉。

灵渠开挖地段选择合理，工程

今日的灵渠

布置巧妙，施工技术高超，是我国古代运河工程的伟大创举，是劳动人民智慧的结晶。运河虽短，但古今中外赫赫有名。随着现代化交通工具的发展，灵渠已逐渐失去了航运作用，但转为以灌溉为主后，效益不断扩大。解放后经过整修疏浚，工程配套，目前已形成以灵渠为主干的灌溉网，并在灵渠上兴建了十多座小型水电站，使古老的灵渠英姿焕发，大放异彩。

京杭龙头——通惠河

⊙拾遗钩沉

通惠河是京杭大运河最北端的一段人工开凿的河道，建成于元至元三十年（1293年）。

大家知道，北京是我国六大古都之一。西周时期的燕国和蓟国、辽朝的"燕京"和金朝的"中都"都坐落在今天北京城一带，但真正奠定北京基础的是元朝的大都。由于北京地下水量不足，再加上地势西高东低，土质含泥沙量大，历代王朝都为北京地区缺水问题而困扰。早在三国曹魏时代，人们就曾经多次兴修水利工程，但均告失败。元朝建都"大都"后，随着经济的繁荣和人口的增多，缺水的矛盾更加突出。仅以运粮为例，当时大都所需粮食，60%以上需要从南方各省调入，而无论海运或通过大运河漕运都不能直通大都，有很长一段路程必须经过人担车载从陆路运送，非常麻烦。有时到了秋天，秋雨连绵，结果造成牲畜大量死亡，甚至被迫停止陆运粮食。由此看出，解决水运问题，将运河直通大都，对于大都的建设，是何等重要的大事。这一长期以来人们苦心积虑的难题，最终由大科学家郭守敬解决了。

郭守敬从幼年时期起，便爱好和研学天文地理，积累了丰富的知识。31岁时，他经人推荐，向元世祖面陈有关兴修水利的六项建议，受到元世祖的赏识，被委派到西北地区视察水利，修复古渠。由于在西北地区的工作卓见成效，第二年，便被任命为都水少监之职。郭守敬深切感到，修建一条直通大都的水运渠道，将南北大运河与大都贯通起来的重大作用，

通惠河

于是从1261年至1266年，曾两次主持兴修这一水利工程。但因为计划不周，缺乏详细的水文地质资料，工程都没有成功。失败并没有使他放弃自己的志向，他花费了25年时间，亲自对大都附近的地势、水源进行了精心考察和深入细致的反复勘察，终于掌握了详细的资料，提出兴修这段水利工程的具体规划。元世祖批准了他的方案，任命郭守敬为都水监，负责这一工程。

1291年，水利工程开始动工。在施工中遇到两个难题：一是从昌平将水引至大都，中间要经过一段洼地，水将会从这里流失；二是大都城平均海拔比通州高20米，河道呈反向的大坡度，很难保持行船的水量。但是这两个难题都被郭守敬解决了。

郭守敬在神山泉东面设计兴修了一段长堤，使水向西流，再转而向南，走向与西山平行，沿途将西山各泉水截流，汇集在瓮山泊（今颐和园内的昆明湖）内，再由此将水引入大都城内。此项工程称为白浮堰，它不但使河水绕过洼地，而且增大了水量。为了解决反向坡度造成的困难，郭守敬设计了建闸储水的方案。每隔十里设一水闸，距离水闸一里多地设一水门。行船时，关闭闸门蓄水，使水而平稳；船过后提闸放水，使河水正常流通。

经过两年左右的时间，从通州到大都的运河全部完工。元世祖将这段运河命名为"通惠河"。至此，沟通南北的大运河直贯大都。江南的物资经大运河

京杭龙头——通惠河

46

连接通惠河入大都城，止于齐政楼（今北京鼓楼）附近的积水潭。

⊙史实链接

到了明代，通惠河上段的河道早已废弃。同时，由于城墙改建，积水潭以下的河道也发生变化，粮船不再驶进京城。明正统三年（1438年）在东便门修建了大通桥闸，成了通惠河的新起点。明代嘉靖年间，监察御史吴仲主持疏浚通惠河，历时4个月，解决了在水源减少的情况下，保证运输漕粮的重大问题。当时废弃了大量闸坝，只保留使用"五闸二坝"，在漕运季节不再启闭闸门，船只不再过闸，漕粮改由人工搬运到闸上游停泊的船上，"雇役递相转输，军民称便"（见《明会典》）。工程完工后效益显著，受到嘉靖皇帝的表扬，并编辑出版了记述这次治理情况的《通惠河志》一书。明末修复朝阳门外旧河渠，开辟了通惠河北支。清康熙三十六年（1697年），挑挖东护城河，引漕船可达朝阳门和东直门下，并在那里建设了贮存粮食和货物的庞大仓库群。

⊙古今评说

通惠河开通以后，历元、明、清各代都发挥了很大作用，成了京师赖以生存发展的命脉。几百年间每年从南方运来的粮食少则200万石，多则400万石，基本满足了首都建设发展的需要。实际上通过大运河运输的不仅是粮食，还有南北的货物交流，经济来往。

通惠河，不仅承担漕运任务，历史上也是一条供城里人游览的风光秀丽的风景区。那时，这条河的水源都是玉泉和西山诸泉汇流过来的，很少污染，碧波清流，鱼虾悠忽。东便门以下的两岸，都是高柳拥堤，垂丝到水。庆丰闸（俗称二闸）

修建后的通惠河

附近还有一些名胜古迹，南岸有明代修的三忠祠，供奉着诸葛亮、岳飞和文天祥。祠后有"濯缨亭"，临岸峭立。稍远处有金代章宗放鹿的鹿苑，方广十余里，古树参天，浓翠照人。加上岸边的酒肆歌台，河里有青帘画舫，时人都把它称为北方的秦淮河。每到春暖花开，游人仕女，竞相往游。

文明史的奇迹——隋朝大运河

⊙拾遗钩沉

隋代是我国历史上第二次大统一的重要时期。581年，杨坚废弃北周，建立隋朝，并于开皇八年（588年），挥师50万，水陆并进，直指南陈。589年，一举攻下建康（今南京），统一了全中国。

隋建都长安之初，不仅繁荣的汉代古都已一片荒凉，就是富饶的关中也难以满足军民的需要，大量的粮食货物，主要靠隋开凿的大运河由关东，特别是江南运送。

隋代修凿的大运河，以河南洛阳为中心，呈"人"字形，南达杭州，北通涿郡（今北京市），首尾相接，流经河北、河南、安徽、江苏和浙江5省，沟通长江、淮河、黄河、钱塘江和海河5大水系。加上陕西的广通渠，以洛阳为中心，西通关中盆地，北抵河北平原，南达太湖、钱塘江流域，形成全国的运河网。

隋代大运河是在前代旧道的基础上，穿针引线，形成一气的。

隋初，把关东和江南的粮食货物运进隋都所在地关中，是极困难的事情。长安（今西安市）到黄河边的潼关虽有数百里的渭水相通，但渭水既浅而沙多，行舟艰阻。隋文帝杨坚为改善这段漕运，于开皇四年（584年）下令字文恺开凿广通渠。

广通渠的渠道在渭水的南边，是在汉

隋朝大运河

代漕渠的基础上重凿的，从黄河边的潼关到首都长安，全程150千米。

广通渠的通航，固然打通了潼关到长安的航线，但扬州的铜器，会稽的吴绫绎纱，两广的珍珠、象牙，江西的瓷器……还是不能过长江、跨淮水、进黄河。为此，隋炀帝杨广又于大业元年（605年），征召河南、安徽百万民工开通济渠。

与此同时，还征召淮南民工10余万扩建了由隋文帝杨坚所开的从山阳（今江苏淮安）到江都（今扬州）的山阳渎运河。经这次扩建，山阳渎运河更宽阔、径直。

大业六年（610年），杨广又在三国东吴已有运道的基础上加工开凿江南运河，自镇江起，绕太湖的东面，经苏州到杭州，把长江与钱塘江接通。

为了巩固对北方的统一，杨广把涿县作为军事重镇派重兵把守。并于大业四年（608年）发动河北诸郡县的民工数万开永济渠通北京。永济渠的前身是白沟及清河。渠分两段筑成：一段"引沁水南达于河"，沁水是黄河的支流，在河南武陟县入黄河，永济渠凿通沁水的上游，使它分流入运河，东北与清、淇两水相连，再东北流入白沟。这样，河南的来船，由黄河沁口溯沁水而上，经永济渠进入河北。另一段"北通涿郡"，是天津以北的一段，利用一段沽水（白河）和一段桑干水（永定河），进入北京市东郊的通州。

永济渠是隋唐两代支援北方人力物力的运输大动脉。

大运河兴建在千百万劳动人民的白骨堆上，修河的民工，男的不够时就抓女的，数万名监工日日夜夜强迫民工劳动，通济渠修到徐州，就"死尸满野"，逃亡过半。许多人家卖儿卖女，家破人亡。一

杨广画像 些州县的农民，被迫提前交纳几年的租税，有的被逼得吃

树皮草根，乃至出现人吃人的悲惨境况。劳动人民被逼得走投无路，终于走上了起义的道路。隋炀帝杨广连同他短命的王朝终于很快被人民起义的烈火所吞没。

⊙史实链接

通济渠西自洛阳开始，南抵淮水，把黄河、汴水和淮水三条河系沟通了。它是隋代开凿大运河中最重要的一段，河宽40米，两岸修有宽阔御道，道旁柳树成荫，车马行人络绎不

通济渠

绝。这条御河分两段凿成，由今河南洛阳西郊的隋帝宫殿"西苑"开始，经偃师县至巩县的洛口入黄河的一段，大概是循着东汉张纯所开的阳渠故道重凿的。另一段由河南的板渚（今河南荥阳县江水镇），循荥阳和开封至杞县西之间的汴水，经商丘、永城、宿县、泗县至盱眙入淮水。这段运河虽利用了一段旧汴水，但有所改造。东汉的汴渠在徐州以下流入泗水，当时泗水河道弯曲，又有徐州洪和吕梁洪的险要，通航很不安全。通济渠撇开了徐州以下的泗水河道，径直入淮，不仅路近很多，而且还可利用充足的蕲水水源。

⊙古今评说

隋代大运河的凿成，不仅把江南的扬州、杭州和北方的北京连成一气，而且更重要的是把冀北、江南和京城所在地关中联成一片，形成了全国运河网。这对巩固我国的统一，促进南北的物资和文化交流，开发南方，都

51

起了极重要的历史作用。据《通典》记载："自是天下利于转输"，"运漕商旅，往来不绝"。运河两岸的城市迅速繁荣起来，镇江、扬州和开封等地很快成为当时著名的商业都会。江南的丝绸、铜器、海产，四川的布匹，两湖的稻米、杂货，两广的金银、犀角、象牙等，源源不断输往西北和华北。隋炀帝杨广也顺水泛舟而下，到江南搜刮民财，寻欢作乐。

三、中国古代著名的治水功臣

代父立功的大禹

⊙拾遗钩沉

相传在上古时代，尧做帝王时，我国曾发生了一次长期的特大洪水。滔天的洪水淹没了广大的平原，包围了丘陵和山岗，人畜死亡，人们好不容易开辟出来的家园被洪水荡涤一空。从洪水里逃出来的人们，除了身上穿的外，什么也没有了。无家可归的人们，只得扶老携幼，逃进深出老林，穴居野处，与野兽争食，山上能吃的食物都吃光了。凶暴的野兽就来残害无辜的人们，到后来人们也相互残食，眼见大地上的人一天天减少，野兽一天天地增多。

当时身为天子的尧，看到这种极为可怕的情景，心急如焚，想不出好办法来解救民众的苦难，只得召集四岳和在朝的诸侯商议。尧问大家："如今洪水滔天，老百姓都愁日子过不去，有谁能去治理洪水？"四岳和众诸侯们回复："此事可以派鲧去！"尧连连摇头说："鲧素好固执己见，恐怕不能担当治水的大任。"四岳说："除他之外，再无别人可派了。"尧无可奈何地说："好，那就让他去试试罢。"

鲧被派去治理洪水，一连治了9年，丝毫没有

大禹雕像

成效。原因是他骄傲自满，不虚心听取他人的见解，只按照自己想的"鄄障"的办法去治洪水。所谓"鄄障"，就是用泥土来阻挡洪水。鲧拿泥土阻挡洪水，不但阻挡不住，反而愈挡愈高，所以终于失败了。结果尧把他杀死在羽山。不久，舜做了国君，就派鲧的儿子禹去治理洪水。

禹是个宽宏大度、志向远大的人，并未以尧杀了他父亲而不满，却以拯救天下黎民为己任。他说："我若不把洪水治平，怎对得起天下苍生？"

禹在治水当中，不畏艰苦，身体力行。他婚后3日而出，8年于外，三过家门而不入。他亲自背着行李、农具，冒着狂风暴雨，跑遍全国，到处查看河川，把腿上的毛都磨光了。有三次治水路过自己的家门口，河工们劝他回家看看，他都拒绝了。他向河工们说："如今洪水未平，万民受苦，我哪能为自己的私事而耽误治水大事呢？"大禹这种公而忘私的精神，深深地感动了河工们。他们都以禹为榜样，忘我地劳动，顽强地向洪水作斗争。

禹治水不但忠于职守，兢兢业业，顽强不息，而且很讲究方法。他吸取了父亲失败的教训，有事就同大家商量，广泛听取众人的意见，集中大家的智慧和力量。他把"鄄障"的方法改为"疏导"，顺水之性，因势利导，结果疏导的方法成功了，滔

大禹治水浮雕

滔的淮水，在大禹治理下，顺畅地注入了大海。人们在水患中死里逃生，大地上又重新出现了欣欣向荣的景象。大禹治水成功，得到了百姓的爱戴和虞舜的信任，四方诸侯对禹更是钦佩。舜年纪大了，就把帝位禅让给了大禹，这样大禹就成了夏代的开国君主。

⊙史实链接

据考证，大约在5 000多年前，我国古代社会已进入原始社会末期。随着社会生产力向前发展，出现了原始的农业和原始畜牧业。北方的农作物主要是旱作，南方则以种植水稻为主，蔬菜种植也已经开始。原始人们为了生产和生活的方便，他们以氏族公社为单位，集体居住在河流和湖泊旁边。如在黄河流域，人们在便于生产和生活的河旁阶地营造住所，在自然条件良好的地区，村落分布相当密集。倒如在豫北洹水沿岸7千米的地段内，已先后发现了19处原始村落遗址。在西安市沣河下游两岸约7千米的地段内，也散布着8处村落遗址。浙江河姆渡文化遗址，就曾发现过距今7 000多年前的谷粒。人们临水居住固然有着很大的便利，但到洪水季节，又常常遭受河水泛滥之灾。人们由于受到水流自身造成的"天然堤"现象的启示，逐步产生了土能挡水，水来土挡的概念。于是创造了原始形态的防洪工程。传说中"鲧障洪水"的故事，正是对这种防洪方式的描述。

⊙古今评说

相传，今天位于山西省芮城县东南5千米处，黄河岸边的神柏峪，就是当年大禹勘察水情的地方。后人也在此处修建了一座禹王庙，以示对大禹的纪念。在我国，到处都流传着有关大禹治水的奇迹与传闻。尤其是在黄河沿线，到处都有纪念他并以大禹命名的地方。例如，安徽怀远县境内的禹王宫、陕西韩城县的禹门、山西河津县城的禹门、山西夏县禹王乡的禹王城、河南开封

禹王殿

市郊的禹王台等都是其中的代表。甚至远在西南的四川省南江县，都有为纪念大禹而修建的禹王宫。在这些遍布华夏大地的大禹遗迹中，处处都镌刻着大禹的丰功伟业和人们对他怀念之情。大禹无愧于是我国古代最受人们崇敬的人物之一，大禹为后人造福，被华夏子孙永远地称颂着，与此同时，大禹敢于与自然抗争的精神，堪称是炎黄后裔永远的行为典范。

名垂青史的"技术间谍"——郑国

⊙拾遗钩沉

郑国，战国时代末期的韩国人。当时的韩国位于今天河南的中部和西部地区，国都为新郑，就是现在河南省的新郑县城。郑国所设计和主持修建的郑国渠，是战国末期规模巨大的一项水利工程，为后人造福不浅。

郑国是韩国的著名水利专家。当时，秦国和韩国处于敌对状态，郑国怎么会跑到秦国去主持水利工程的呢?说起来，这里面还有一段小故事呢。

秦国在商鞅变法以后，重视农业生产，国力迅速强盛起来，成为战国七雄中最有实力的一国。到嬴政登上王位时，秦国在政治、经济、军事等各方面与关东六国相比，都占了绝对优势。公元前246年，秦国已经完全击破了关东六国的抗秦联盟。而韩国地处崤函之东，紧靠秦地，是秦国出兵中原的第一个目标，随时都有被秦国灭掉的危险。在秦国大军压境的情况下，韩桓惠王制订了一个"疲秦"的计划，就是用各种方式来消耗秦国的力量，使它国力疲惫而无暇东顾，减弱对韩国的攻势。按照这个计划，韩国派水工郑国西向入秦，"令凿泾水，毋令东伐"。就是要说服秦国修建一条引泾水的渠道，以牵制住它的大量人力物力，使它顾不上发动吞并韩国的战争。郑国被派到秦国的本来意图是让他充当间谍，进行破坏。结果却阴差阳错，适得其反，使秦国完成了一项空前的水利工程，促进了关中地区农业生产的发展，为统一全国打下了雄厚的物质基础。关东六国中，最先被秦国消灭的，正是韩国。

水利专家郑国来到关中以后，经过实地勘察，向秦王嬴政建议，沿关中北山修筑一条沟通泾河与洛河的渠道，引泾注洛，灌溉农田。秦王本来就想干一番大事业，这个计划正合他的心意，于是采纳了郑国的建议，并把主持这一规模巨大的水利工程的重任交给了他。此后，秦国以大量人力物力投入了这个工程。

郑国画像

当工程正在进行时，秦国发觉了郑国的间谍身份，许多人都主张杀掉他，秦王也非常恼火，当即把郑国从渭北工地召回咸阳，亲自审问。郑国回答说："当初我确实是被作为间谍派到秦国的，但我到秦国后，看到了秦国的兴旺发达，作为一个正直的人，我愿为秦国的水利事业献出自己的本领。现在，你们把我杀掉，这项水利工程就会半途而废。完成这项工程，却会为秦国建立万世功业。"

众大臣听了郑国一番话，都不住地点头。大家望着秦王，看他作何处置。

只听秦王大声说："还不赶快打开枷锁。"

郑国获得秦国君臣的再次信任后，更把全副精力贡献给关中水利事业。经过寒冬酷暑，经过千百万关中劳动人民的辛勤劳动，大渠终于建设起来了。

⊙ 史实链接

秦王嬴政在消灭吕、缪的政治势力之后，又任用李斯、尉缭等客卿，直接参与谋划、指挥秦的统一战争。他们针对当时各诸侯国的情况，提出用重金收买诸侯名士，离间诸侯国内部的君臣关系，破坏诸侯国合纵抗秦的活动，然后用武力征服等实现统一的具体措施，从而拉开了统一战争的帷幕。在这场具有历史意义的战争中，首当其冲的是韩国。

韩国是一个小国，地处中原咽喉要地。秦所以首先进攻韩国，一方面因为韩国弱小，容易攻取，可借以威慑其他诸侯国；另一方面韩与秦接壤，既是秦"近攻"的主要目标，又是秦东进必夺的战略要地，攻灭韩国可以向两翼发展，在战略上有利于推进兼并战争。这是秦先取韩的主要原因。

⊙古今评说

郑国是战国时期著名的水利工程专家。秦国最高统治集团敢于下定决心，按照来自敌国的专家意见，投入那么多的人力和财力，费时10年，修建如此浩大的工程，甚至在郑国的阴谋被发觉后，仍对郑国信任如初，责令他将河渠修成。这除了因为修渠会给秦国带来富国强兵的重大效益外，也从一个侧面反映出秦国对于来自国外的专家和客卿的

郑国雕像

政策是何等的正确，是秦国的客卿政策适用于科技专家的一个典型范例。

汉代史学家司马迁非常热情地赞颂郑国的献身精神，高度评价郑国渠的历史作用。司马迁把郑国渠兴建的事迹记载在他的名著《史记》上，从此，郑国的名字为世世代代所传颂。

上治河三策的贾让

⊙拾遗钩沉

西汉年间黄河在今天津以南的沧州附近入海，自汉武帝以来频繁决堤泛滥，灾害严重，成为朝野关心的国家大事。当时陆续提出过多种治黄方案，其中有分流、滞洪、水力刷沙、改道、筑堤堵口等。大约在公元前6年，贾让提出治河策，分为上、中、下三策。这是流传下来的最早的治理黄河的规划意见，在治河史上颇负盛名，对后世有重要影响。

贾让首先分析了黄河演变的历史。他指出，古代时，河有河的流道，人有人的住处，各不相干。河流两岸并不筑堤，只是在居民区附近修些矮小的堤埝防护一下。这样，夏秋季节的洪水可以四处游荡而不受约束，本无所谓水灾。但是到了战国时期，各国为了各自的利益，开始在两岸筑堤防洪，虽然这不是好的办法，但当时黄河两岸堤距达25千米，洪水尚不至于被束缚得过分严重。然而此后情况进一步恶化，老百姓贪图黄河肥美的滩地，逐渐在堤内加筑民埝，

贾让治理黄河

61

圈堤围垦。围垦一再深入河滩，以至大堤之内又有好几道民堤，民堤离河床远的不过数里，近的只有500米多。河道宽窄不一，河线再三弯曲，严重阻碍行洪，可见，由此造成洪水泛滥，房屋田产被淹没，那完全是人们自己造成的。

贾让解决了黄河河道狭窄

贾让提上的治河上策是，摆脱目前黄河河道狭窄困难的局面，另外开辟一处宽广的场所容纳黄河。具体方案是将黄河改道西行，在现在的黄河和西面的太行山麓之间的宽敞地带北流入海。这一地区是冀州的辖区，为此，要把冀州的百姓迁移出来。搬迁费，只相当几年的黄河岁修经费，不难解决。他认为这是根本上消除黄河水患的办法。

贾让的中策是在上策基础上的改进，也就是说，如果顾虑上策所放弃的土地过多，那么可以在黄河以西、太行山麓以东的适当地点向北新修一道大堤，让黄河在新堤与西山麓之间北流。此外，还可以在新堤之上修建若干水闸，水闸可供东部地区引水灌溉，同时对航运也有好处。他认为中策虽然谈不上是圣人的做法，但也是"富国安民，兴利除害，支数百岁"的良策。这种主张作为一种治河方略，可以称之为"分流派"。

贾让的下策是沿袭一般的办法，加高培厚原有的堤防，维持现存的河道。但他认为这样做劳而无功，不会有多大效果，仍然无法免除水患。与他的中策相对应，我们可以把这种贾让事实上并不赞成的治河方略称为"独流派"。

贾让的这篇治河策，多少还带有一些战国策士的论辩色彩，不无危言耸听、夸大其辞的嫌意。因为要打动人主，就不能不尽量别出心裁，从而也就过分地贬低了传统的堤防手段。事实上，上策改道虽然最富有创见，但在当时是不可能被采纳的，也不大可能行得通。而分流与独流，这两者互有利弊，不能一概而论，加之当时西汉王朝已经风雨飘摇，即使中策分流是万全之策，付诸实施又谈何容易。所以最终朝廷只能是择取了他最不赞成的"下策"。

⊙史实链接

事实上，贾让也并不是第一个提出分流主张的人。早于他20多年之前，就有一个叫作冯逡的人提出过类似的见解。稍后于贾让，在王莽执政期间，又有一个叫韩牧的人，提出了恢复《禹贡》"九河"旧迹的主张。《禹贡》记载的所谓"九河"，是指在原始的自然状态下，黄河下游散布开许多条分支水道，"九"只是表示多的意思，并不是一个实数。随着人口的增加，这些分支水道逐渐被埋塞，最后只固定保留下一条正流。韩牧提出恢复《禹贡》九河时，这些分支水道的旧迹都已难以寻觅，完全重新开挖，则决非易事，所以韩牧也觉得全面恢复恐怕不易，只好说"纵不能九，但为四五，宜有益"。总之，韩牧认为分泄下游水量，对于减轻黄河水患是有益的。

⊙古今评说

对于贾让三策，古往今来一直有不同的认识。其具体治河方案也未见得像他本人设想的那样理想和现实。不过，贾让从黄河历史演变中得出的治河"必遣川泽之分，度水势所不及"的结论却是客观的和积极的。这句话的意思是，治河必须适合河流的客观实际，留足泄洪断面。人们生产和生活则必须在满足泄洪以外的地方去进行，而不能无限制地去侵占河滩，压迫水道。人们一方面要为改善生存条件，和不利的自然环境作斗争；另一方面，也要遵循自然规律，与自然和谐发展，治水必须符合河流的客观

63

实际。这个历史经验至今仍有借鉴意义。此外，他首次提出了水利工程补偿时间的概念，在水利经营管理上是个创见。他提出的引黄灌溉，兴利除害，变害为利的辩证施治的思想。在历史上也是有重要地位的。

治邺兴水利的西门豹

⊙拾遗钩沉

西门豹是战国初年人，魏文侯（公元前446—前396年），他当过魏国邺县的县令，在治理邺县期间，他为民做了不少好事，留下了一些有趣的故事。

邺县在现在河北省临漳县与河南省安阳县交接处，发源于现在山西省的漳水流经县境，每到夏秋雨季，山洪暴发，水势汹涌，常冲毁田地、村庄，给百姓带来灾难。当地的三老、廷掾等地方官与巫婆利用这事情，玩起"为河伯娶妇"的把戏来。他们每年向百姓诈骗大量钱财，用一小部分为河伯"娶妇"，大部分中饱私囊。所谓"为河伯娶妇"，是把小户人家里长得美丽的女儿，强行拉走，梳妆打扮之后，放到床席上，投入漳河给河神做妻子。百姓眼泪汪汪地看着这些少女葬身鱼腹，无比痛心，许多人家只得携女远逃。因此，邺地人口减少，良田变成荒地。

西门豹到邺地后，召见长老，询问民间疾苦。长老诉说了为河伯娶妇的灾难，西门豹听后不动声色，只说河伯娶妇时，他也要到河边去送亲。到了河伯娶妇的那天，三老、廷掾、巫祝们都到了，观看的人站满了河堤。西门豹按时赶到。他看了看河神的新娘子，笑着说："这个女子不好看，麻烦大巫婆去走一趟，报告河神，就说是我说的，另选一个好的，改日送去。"说完，命令吏卒把大巫婆投进漳河。过了一会儿，西门豹显出诧异的神情说："巫婆怎么去了这么久还不回来？弟子们去催一催吧！"接着把巫婆的三个弟子丢进了滔滔的河水中。又过了一会儿，西门豹对三老说：

65

"巫婆和弟子都是女的，只怕讲事情不明白，麻烦您去说明说明。"说完，就将三老架起，抛入河里。西门豹对着漳河毕恭毕敬地站着，等待他们回来。过了很久，西门豹又开了腔："巫祝，三老都不回来，怎么办？请廷掾等再去催催如何？"一听这话，廷掾跪在地上，连连叩头求饶。西门豹说："好吧！再等一会儿看吧！"等了一会儿，他这才说："都起来吧！看样子还要留他们一阵的，我们不必等了，回去吧！"

西门豹画像

为"河伯娶妇"的首恶者就这样受到了惩罚。从此以后，再也没有人敢提起要为河伯娶亲的事了。

邺县这地方，天雨常遭水灾，无雨又严重缺水。魏国规定每个农夫受田百亩，唯独这里是200亩。由于邺县土地瘠薄，水利不兴，所以长年歉收，西门豹在机智地革除了为河伯娶妇的陋俗后，便发动人民兴修水利。在他的主持下，开凿出了12条渠道，引来漳河水灌溉良田，大大减少了水旱灾害，改造了盐碱地的土质，作物产量得到了提高，邺县因之成为了魏国最富庶的地区之一。东汉安帝时，当地百姓还"修理西门豹所分漳水支渠，以溉民田"。这说明500年后，西门豹开凿的河渠仍在发挥效用。

⊙史实链接

西门豹为官清廉，反对行贿。他从不巴结魏文侯左右的亲信。有时甚至对他们简慢得很。这样，近臣们便串联起来，在魏文侯的面前讲西门豹的坏话。文侯听了谗言，不分青红皂白，决定罢免西门豹，收回他的官印。西门豹请求说："我过去不懂得如何治邺，现在懂了，望您让我再干，如再有不当，愿服罪请斩。"魏文侯同意了。西门豹回到邺地后，重敛百姓，把搜括的钱财用来贿赂文侯左右近臣。1年后，他上朝廷交纳赋税，文侯亲自迎接他，并以厚礼相待。西门豹说："往年我为您治邺，您要收我的官印。现在我为您的左右治邺，您以礼待我。这种官，我不能再做了！"说罢，把印交还文侯，转身就走。这时，文侯明白了事情的真相，诚心挽留他，说："我以前不了解你，现在了解了，希望你努力为我治邺。"西门豹再没有接受官印，拂袖而去。

为官清廉的西门豹

⊙古今评说

邺县的人民那样穷困，要开挖十多条大渠是很不容易的事。在开渠的过程中，有不少老百姓坚持不下去，不想干了，发牢骚的人就更多了。西门豹知道了以后说："有些百姓不懂得其中的道理，他们只看眼前吃苦受累，不知道现在吃苦是为了子孙后代。我不怕现在有人不满意，只希望邺县的子孙后代能想起我现在讲的这番话来。"

西门豹的话没有说错。渠道修成以后，邺县的农业因为有了水利，得到了很大发展，人们渐渐地富裕起来。后来，邺县人民为了纪念西门豹，把当年投巫的地方改名叫大夫村；在村外修了庙，立了碑；把西门豹领导百姓修的渠叫西门渠。直到2 000多年后的今天，大夫村外还留有3块石碑。西门渠经过历代修整，至今还在发挥它的作用。

67

鄞县浚修河渠的王安石

⊙拾遗钩沉

宋天禧五年（1021年），王安石生于临川，自幼聪颖好学。稍长以后，王安石在父亲的教导下博览群书，凡农、医、艺、文，于学无所不读。经过数年苦读，王安石学问大成，于仁宗庆历二年（1042年）应试汴梁，一举题名金榜，签书淮南判官。判官三年任满，赴京待命之时，王安石毅然放弃了在京担任官职的大好机会，于庆历七年（1047年）来到鄞县（今属浙江省宁波市）当知县。

鄞县山峦起伏，依江临海，原是一个山青水秀、五谷丰登的鱼米之乡，是个民勤物丰的好地方。五代吴越国钱氏统治浙江时期，比较重视兴修农田水利，在太湖流域附近建立一套很完整的灌溉系统，并专设营田吏卒，掌管其事。鄞县也因设营田吏卒，年年修治河道，使得深山长谷之水四面而出，沟渠河川十百相通，而无水旱之灾，常年丰收。但是到了宋仁宗庆历年间，营田已废弛了60年多，由于历任县官都因循苟安无所作为，水道堤防日久失修，以致渠川大多淤塞，山谷流水直泻入海，多山的鄞县面临严重干旱的威胁，生产力开始下降。只要天气晴朗无雨，不过十天八天，立即河床干枯，鄞

鄞县大桥

县变成了最易发生旱灾的地方。勇于承担，不愿因循苟安的王安石深入察访后，决定兴修水利，彻底改变鄞县畏旱的面貌。

王安石知任鄞县第一年，适逢风调雨顺，没有发生旱情，百姓们迎来一个难得的丰收年，王安石一向不迷信，认为这并不是"上苍庇祐"，没有松懈兴修水利。他在征得上司两浙转运使同意后，便利用当年冬天农闲，组织全县人力大兴水利，开展对鄞县14乡浚疏渠道，兴修堤堰的工程，大治川渠，使水有流有储，解决水不足的问题。为了切实做好兴修水利的工作，王安石亲自下乡劝督乡民竣治渠沟。在这年农历十一月，王安石冒寒履霜，翻越了育王山、过灵严，渡庐江、过天童山、五峰，到桃源。历时十几天，走遍了鄞县万灵、清道、桃源等14乡，一乡一乡地劝民浚渠川，使乡民都已听命受事，他才返回县衙。由于王安石下乡督劝，久为旱灾所苦的乡民无分老幼，都很乐意参加兴修水利，浚渠疏川不遗余力，这样淤塞的水渠被沟通了，阻挡水流的岩石被凿开，临江靠海的地方都建了斗门，旧渠新沟都发挥了更好的蓄水排水作用。

王安石在鄞县浚修河渠，很有成效，收到了东西14乡水陆之利，如方圆80里阔的东钱湖，修治后可保证灌溉沿湖50万亩农田，当时在湖东北建造的小斗门（闸门），至今犹能在鄞县看到遗迹。王安石为官实干兴利，不辞辛劳、认真负责的精神，当时就颇为人称誉，而他重视水利、兴修水利的思想实践，也为日后的变法提供了重要的依据。

王安石画像

⊙ 史实链接

王安石在鄞县的另一大政绩是推行青苗法，即贷谷给穷人，抑制豪强兼并。鄞县虽然土地肥沃，物产丰饶，但大多数农民还是生活贫困，尤其每

王安石雕像

年的青黄不接之际生活更加窘困，往往衣食无着，饥寒交迫。当地豪强富户就乘人之危，大放高利贷，利息往往高达3倍，但青黄不接的农民为解燃眉之急，不得不向富家借贷钱粮，结果利滚利无力偿还，被迫卖田抵债。这样豪强富户通过高利贷兼并土地，逼得农民亡家破产，沦为雇工，贫者更贫，富者更富，矛盾更加尖锐。王安石上任后通过察访，敏锐地看到这个社会问题，决心着手解决。经过一番筹谋，上任后第二年，王安石办了一件当时人意想不到的事：在青黄不接时，官府把官仓谷米以二分的轻息贷给农民，等秋收后利息连本归还。这一理财措施受到鄞县百姓的拥护，既使农民能较容易渡过青黄不接的难关，仍保有田产；又使官家仓库陈粮换新谷，增加了收入；更抑制兼并土地之风，打击了高利贷的盘剥，调动了农民的生产积极性，这是王安石以后变法推行"青苗法"的雏形。

⊙**古今评说**

知任鄞县的3年中，王安石不仅兴利除弊，经世致用，政绩突出，在具体实践中磨炼了政治才干，而且不断学习思考，对社会一些重大问题有自己的看法，形成了独特的政治思想。鄞县的3年生涯，为王安石的变法改革奠定了重要的思想基础，提供了可贵

今日鄞县

的实践经验，影响很大。

　　尽管王安石后来变法遭到保守势力的垢骂诽谤，但在鄞县却是有口皆碑。为了纪念王安石的业绩，鄞县百姓为他建了祠堂，无论保守派如何的咒骂王安石，鄞县百姓祠祭不衰。南宋时王安石牌位被清出孔庙，鄞县百姓乃建立一座"实圣庙"，以纪念王安石。清朝初年，浙江总督下令拆毁"实圣庙"，遭到鄞县人民的抵制。至今鄞县犹有"安石乡"、"王公塘"等名称，以纪念王安石在鄞县为民造福的政绩。

范仲淹留名范公堤

⊙拾遗钩沉

范仲淹字希文，苏州吴县人，宋太宗端拱二年（989年）八月二日生于徐州，26岁中进士。范仲淹入仕的最初十余年，一直任地方小官。但他每到一地，必兢兢业业，造福一方。天禧五年（1021年），范仲淹到泰州（今江苏省泰州市）任西溪镇盐仓监官，掌管盐税。西溪地处偏僻，当地人口多为被流配到此的贱民或罪犯。到此做盐官，着实是一件苦差事。但范仲淹并不自怨自弃，而是积极进取，力图有所作为。不久，范仲淹在泰州便做了一件兴利除弊的政绩：修海堰，防海潮酿成水灾，至今仍泽及兴化、盐城等地。

当时泰州的属县海陵、兴化土地肥沃，收成丰厚，百姓生活富裕，遍野歌声。后来海堤坏了，多年失修，每逢夏秋风暴雨，海水上涌，沃土渐渐盐碱化，良田变贫瘠，五谷欠收，百姓纷纷逃荒异乡，走了几千户，鱼米之乡成了一片荒凉。这时张纶为江淮发运副使，范仲淹向他建议修复海堰，造福于民。当时有人反对，认为筑海堰以后，会有积潦造成危害。张纶说，"海涛灾总是十之九，积潦灾患是十之一，利多弊少，没有什么不可的"，并奏请朝

范仲淹的雕像

廷以范仲淹为兴化令，负责督办修筑泰州的海堰。

随后范仲淹征集通、泰、楚、海四州民工4万余人开工修堰，其间在盐民中留下了"范公撒糠划百里海堤"的传说。在宋代，普测海岸是件十分困难的事，新堤的选址让无数人费尽了心思。一天，范仲淹像往常一样去海边勘察，忽觉口渴，便到一个渔民家中讨水喝。就在这时，范仲淹无意间看到渔民喂猪的桶沿正漂着一圈稻糠，这激发了范仲淹灵感。此后又逢大汛，范仲淹便发动沿海百姓将稻糠遍撒海滩，大潮一到，稻糠随着海浪涌进。落潮后，稻糠则附着在沙滩上，形成一条弯弯曲曲的糠线。范仲淹命令民工沿线打桩，新堤址就此确定，人人拍手叫绝。

不料海堰开工不久，就遇上一场少有的大雨雪，海风呼啸，波涛汹涌，拍岸而来。在海边修堰的民夫和兵士们，都惊吓得不知所措，在泥泞中到处奔逃，一片拥挤混乱，守吏呼不能止，死伤不少人。范仲淹正在现场督工，一起的还有滕宗谅，与范仲淹同时进士及第，这时为泰州军事推官。他面对此情景神色不变，与范仲淹一起要大家保持镇静，从容说明利害，分析情况，稳定人心，使百姓认识到修筑海堰的利之所在，众意一心，继续修筑海堰。

但是反对修堰的人利用大雨雪造成的损失制造舆论，认为海堰不可修复。朝廷派官调查此事，又昭命淮南转运使胡令仪到泰州与范仲淹研究海堰是否可修，在范仲淹的极力陈说下胡令仪全力支持修复海堰。恰在此时范仲淹母亲去世，丁忧离开了。在丧母的悲哀中，范仲淹仍念念不忘国事，给张纶写信陈述修复海堰的利害。张纶为仲淹的赤诚之心感动，三次上书朝廷言兴修之利，请求亲自指挥修筑海堰的

范仲淹

工程。第二年海堰终于修成，长75千米，逃亡民户陆续回到家园，往日萧条荒凉之地又兴盛热闹起来。

⊙史实链接

后来，范公堤屡圮屡筑，并有增展，北起今苏北阜宁，经建湖、盐城、大丰、东台、海安、如东、南通，抵启东之吕四，长291千米。它不仅确保了沿堤百姓免遭海潮侵袭，而且大堤还作为陆路行旅转运的要道。

范公堤遗址

许多驿道的走向和驿站的设置都以捍海堰为基础。明、清两代，海岸线不断东移，陆续露出大陆约300千米，捍海堰仍有束水不致伤盐、隔外潮不致伤稼的功用，同时以范公堤为路基的贯穿南北的道路也逐步形成。清朝还在险要地段，设堡夫常年修理，挑土修补残缺，确保堤上交通。民国七年（1918年），启东、海门等地移民纷纷到沿海一带垦殖，安家落户，以堤作路，使垦区以范公堤为骨干的圩堤道路形成网体，促进了农垦事业的发展。

⊙古今评说

捍海堰泰州修成后，潟卤之地化为良田，两千多外逃户陆续还乡，农业、盐业得以稳步发展。正如明末清初布衣诗人吴嘉纪《范公堤》诗中所言，"海水有时枯，公恩何日已"。当地士绅、百姓为赞颂范仲淹的功德，表达感激之情，将捍海堰命名为"范公堤"，灾区中心的兴化人甚至还改以范姓。为纪念范仲淹、胡令仪、张纶的修堤功绩，百姓还先后在西

从都江堰到南水北调

溪修建了"三贤祠",岁时凭吊,昭示后人。

范仲淹一生,为人称道。北宋仁宗朝宰相富弼尊其为"圣人",北宋神宗朝宰相王安石尊其为"世师",金人元好问评价范仲淹是"求之千百年间,盖不见一二",南宋著名理学大家朱熹则盛赞其为"天地间气,第一流人物"。毛泽东也给予高度评价:"在中国历史上不乏建功立业的人,也不乏以思想品

范仲淹画像

行影响后世的人,但二者兼有的,历史上只有两位,一位是曾国藩,另一位就是宋代的范仲淹。"史家"自古一代帝王之兴,必有一代名世之臣。宋有仲淹诸贤,无愧乎此",乃是对范公一生的绝妙注解。

郭守敬在水利工程上的贡献

⊙拾遗钩沉

郭守敬，字若思，邢台（今属河北）人，元代天文家、数学家、水利家、地理家、机械家。

他出身于书香门第，祖父郭荣精通数学和水利。受家学影响，郭守敬年青时就喜爱天文，并动手做小天文仪。后从祖父的友人刘秉忠学习，学问大进。21岁时，他率领乡亲治理邢台达活泉和城北诸河流，获得一些治水的实践经验。

中统元年（1260年），郭守敬又随祖父的友人、中书左丞张文谦巡视大名、彰德等路（今河北、河南交界一带），他踏勘各地山川，访问父老，了解水利情况，获得许多地理知识，慨然有整治山川之志。

郭守敬

中统三年，在张文谦的荐举下，郭守敬在上都（今内蒙古多伦附近）受到元世祖的召见，他提出修浚今河南、河北的漕河、黄河、滏水、漳水、沁河等工程；引玉泉山水以通中都（今北京）与通州（今通县）间水运，共六条建议，均受元世祖赞赏，被任命为提举诸路河渠的职务。

76

元世祖至元元年（1264年），郭守敬随同张文谦前往西北地区，负责修复河套平原的水渠。河套平原，土地肥沃，自古以来，劳动人民就在这里开凿了许多灌溉渠道，利用黄河河水灌溉农田。其中最长的两条水渠，一条叫作唐来渠，全长200千米；另一条叫作汉延渠，全长125千米（都在今宁夏境内）。除此而外，沿黄河一带还有数十条干渠和支渠。这些密如蛛网的水渠，使河套平原成为我国西北地区盛产五谷的米粮川。元初，由于频繁的战争，这些水利工程受到严重的破坏，影响了农业生产的正常进行。在郭守敬的精心设计下，经过两年多的奋战，当地劳动人民不仅修复了旧有的水渠，而且开辟了不少的新渠，还在各渠入口处兴修了一些用以调节水量的水坝和水闸。这些坝闸的设计非常细致，质量非常坚固，一直到明代中叶还继续使用。后代也是沿用郭守敬设计的办法进行培修和扩建的。

公元1292—1293年，在郭守敬的设计下解决了增辟大都水源问题之后，大都军民修建成从昌平到通县的通惠运河。元朝建都大都（即北京）后，大都的地位日趋重要，成为全国政治、经济、文化中心。为了满足大都的需要，元朝政府必须把南方的粮食和财富源源不绝地运往大都，因此除了从通州至杭州的大运河外，还急需开凿一条沟通大都和通州之间的运河。为此，首先要在大都附近增辟水源。

这项工程比较艰巨，从辽金以来几番动工都未成功。郭守敬在对大都附近的水文和地形作了多次的勘测之后，终于找到水源，制定出切实可行的计划，在大都西北修建一条长达30千米的白浮堰，把昌平以南神山

郭守敬画像

附近的白浮泉水引进大都城，然后利用旧有运粮河道顺流东下，到通州和大运河衔接起来。为了解决河床倾斜坡度问题，郭守敬还设计设置水闸、斗门20座来调节水位和控制流量，保证船只的顺利航行。这条运河全长80千米，由2万多名工匠、兵士和水手花了1年多时间修成。通惠河的修成，不仅解决了大都的漕运问题，同时也起了促进南北经济文化交流的作用。

⊙史实链接

郭守敬在科学上的成就，主要是在天文历法和水利工程这两方面，其中天文历法上的成就尤为突出，他是以优秀的天文学家列入世界古代著名科学家之林的。

1276—1280年，郭守敬主持了历法的修订工作。元初，旧历法由于年久失修，发生了节气差错、日月食不准等各种弊病。1276年，元朝政府下令修订历法，由许衡、张文谦、王恂和郭守敬等主持其事，但实际负责的是郭守敬。鉴于旧有的天文仪器已经陈旧不堪，观测天象时很难达到准确的程度，郭守敬把创制天文仪器的工作放在首要的地位。他认为："历之本，在于测验；而测验之器，莫先仪表。"就是说，要制定出一部比较精确的历法，首先要做好天文观测工作；要做好天文观测工作，首先要解决天文仪器的问题。

在修历的过程中，郭守敬先后创制了简仪、高表、候极仪、浑天象、玲珑仪、仰仪、立运仪、证理仪、景符、窥儿、日月食仪、星晷、定时仪等十余种精巧的天文仪器。

著名水利专家——郭守敬铜像

⊙古今评说

郭守敬的一生，重视实践，重视科学，奋斗不已，硕果累累，"天文历法誉天下，治水演算超前贤"。为了表彰他对科学文化事业的贡献，国际天文学会于1970年决定，将月球上一座环形山和太阳系一颗小行星以他的名字命名，使中

郭守敬纪念馆

国人引以为荣。最近，河北邢台又建有"郭守敬纪念馆"，达活泉公园内还安有一尊郭守敬的纪念铜像，建有仿元观星台。虽然郭守敬的著述已亡佚不存，但他的科学贡献，永远为家乡人民和世界人民所崇敬。

明代杰出的治河专家——潘季驯

⊙**拾遗钩沉**

潘季驯字时良，号印川，浙江乌程（今吴兴）人，明代水利家。他出身地主家庭，少年好学，负经世报国之志。嘉靖二十九年（1550年）中进士，历官九江推官、大理寺丞等。

嘉靖四十四年，黄河在与淮河、运河交流处的徐州一带泛滥，数百里内良田化成泽国，他以右佥都御史，总理河道。

潘季驯生在江南，治河毫无经验，初到任上，束手无策。后来经过实地调查，访问当地的老农、船夫，弄清了河水的流量、河道的走势、河堤的坚松等基本情况，积累了一些治河经验，采取开新运河以疏黄河，才使水患暂时减轻。

隆庆四年（1570年），他第二次被任命总理河道。为使黄河不复改道，他采用疏理黄河故道的方法。在治河中，潘季驯常常亲临现场，与民工同甘苦。有次河水漫涨，已过堤背，他仍坚持不走，指挥抢修河堤，对稳定民工情绪起到很大的作用，经过几天奋战，终于战胜洪水。

万历六年（1578年），在张居正的推荐下，潘季驯第三次总理河道。他认真总结前两次治河的经验，对不能彻底治好水患进行反省，认为传统的分流以减黄河水势的方法有很大的弊病，因而提出"束水攻沙法"。潘季驯指出，分流法使黄河水势减弱，从而水速缓慢，这样泥沙易于沉积，河床易于增高，因此水患不能根治。而束水法利用河堤变窄、水速加快的原理，既减少河水中泥沙的沉积，又可利用水势把河床泥沙冲走；河床变深了，水患也就容易消除。为此，他还将河堤改成狭窄的"缕堤"，在缕堤内弯度较大处加上"月堤"，以保护缕堤不被急流冲毁；缕堤外又筑"格堤"、"遥堤"，作为第二道防线，以解决水势过大时的泛滥。经过实施，果然见效。他还采取百姓提出的淮、黄两河合流出海法，使水流加大，以冲击出海口沉积的泥沙，使黄、淮之水畅流入海。

此外，潘季驯制定了昼防、夜防、风防、雨防的"四防"法；官防、民防的"二防"方针；以及植苇、栽柳等护堤措施。经过一番努力，昔日的泛滥灾区，阡陌纵横，农居错落，生产恢复，百姓乐业。

万历十六年，潘季驯第四次督理河道。在任上，他总结自己前后十几年的督河经验，以及前人治河的教训，民间治河的良策，撰成《河防一览》，以供后人参考。因治河功，潘季驯官至工部尚书兼右都御史。

治理黄河的潘季驯

晚年潘季驯告老南归，卒于乌程，享年74岁。

潘季驯一生，4次受命治理黄河，他不畏难，不信神，虚心倾听下级意见，踏实进行调查研究，终于由外行变为内行，提出"束水攻沙法"的先进治河理论，发展了水利科学。除著《河防一览》外，他还著《河防榷》、《宸断两河大工录》、《留余堂集》、《潘季驯奏疏》等。

⊙史实链接

潘季驯在四次出任总理河道的岁月里，经常沿着黄、淮、运奔走踏勘，沿途访问地方官吏、乡亲父老、船工、篙师等。每次重大工役，他都亲临工地督工指挥。

在第二次担任河总时，他住在睢宁一段黄河正道疏浚工地上，每天都到河心检查开挖深度。当这次浚河工程快要结束时，眼看着一场风雨即将到来，潘季驯异常焦虑，乘着一只小舟向河心驶去。当时，人们都怕他遇上危险。纷纷劝阻他。潘季驯那里肯听，刚到河心，便刮起一阵狂风，小舟在浪涛中上下飘忽，不能操纵，随时都有沉没的危险，岸上的人都十分焦急不安，为潘季驯和老船工的安危担心。因为风雨太大，又无法下去救护。幸而小舟被一棵大树挂着不动，潘季驯和老船工才幸免于难。

⊙古今评说

潘季驯4次出任总理河道，前后达27年，把全部精力用在治河事业上。用他的话来说："壮于斯，老于斯，朝于斯，暮于斯。"他对我国治黄工作作出了很有益的贡献，积累了很宝贵的经验。正如《四库全书总目》评论潘季驯的《河防一览》一书时所指出的："生平规划，总以束水攻沙为第一义……永为河渠利赖之策。后来虽时有变通，而畜治河者，终以是书为准的。"他的治河方略和理论，为以后300年的治河家所遵循，直到今天，仍然有借鉴的作用。

"去国之臣，心犹在河"。这是潘季驯72岁退休时所说的一句感人肺腑的话，也是他的事业精神的真实写照。潘季驯后半生从事治河工作，他的治河功业和赤热之心光照我国古代治河史册，为后世所景仰。

一心为民的海龙王——海瑞

⊙拾遗钩沉

　　隆庆三年（1569年），海瑞升任右佥都御史，以钦差大臣总督粮道巡抚应天。应天巡抚所辖为应天、苏州、常州、松江、镇江、徽州、太平、宁国，安庆、池州、广德十府，为明王朝财赋之区，号称全国最富庶的地方。海瑞到任之后，经过调查研究，才知道号称富

海青天——海瑞

庶的应天十府，原来不像他想象的那样是个鱼米之乡，而是民穷财竭，难以聊生的地方。其原因除去赋税太重、徭役过多、贪官污吏压迫欺诈百姓之外，又由于河道长年失修，水泄不畅，经常发生水灾，以致粮食常常歉收所造成的。

　　就在海瑞到任的那一年，恰巧当地又发生了严重的水灾，雨水从夏天一直连绵不断地下到秋天，加上通海的河道淤塞，以致大水泛滥成灾，直到冬天还有许多农田淹在水里，使得来年的夏熟作物无法播种。本来当年的口粮已经相当紧张，这么大的水，眼看明年的口粮也将没有着落，因而物价飞涨，人心惶惶，因此海瑞决定立即动手疏浚吴淞江。至于经费和人力问题，经过调查研究，他决定采取以工代赈的办法来解决：即动员本来需要救济的灾民来参加疏浚工程，以救灾的口粮和银钱作为工资发给他们。

83

这样既救济了灾民，也疏浚了河道，可以一举两得，节省不少经费。由于疏浚吴淞江关系到当地人民的切身利益，因此，这一决定立即得到了大家的热烈拥护。

海瑞

疏浚工程的原则已经定了下来，经费和人力也有了着落，剩下的就是如何订出具体方案和落实指挥的人选了。为了制定符合实际情况切实可行的疏浚方案，海瑞于隆庆三年（1569年）冒着严寒亲自到上海县视察了吴淞江，并组织人员对吴淞江进行了逐段测量。经过研究，决定把嘉定的黄渡到上海的宋家桥这一段淤塞得最厉害的，约长40千米的江面拓宽，在方式上采取分段包干，各自负责。具体指挥工作由苏州府推官龙宗武和淞江府同知黄成乐负责，上海县知县张巘和嘉定县知县邵一本为助理，海瑞本人则作为总指挥，负责全面工作。

为了迅速消除水患，海瑞决定疏浚工程于第二年（隆庆四年）正月春节一过就开始动工。工程开始以后，海瑞经常坐着小船在吴淞江上不断地巡视，监督工程进行，随时解决临时发生的问题。因为这本来就是当地人民多年的渴望、以前多次向官府建议都无人理睬的工程。现在大家看见海瑞决心这样大，知道这次工程一定能够胜利完成。因此，民工们积极性非常高涨，起早摸黑，工程进展极快，结果不到一个月的时间，江底

一心为民的海瑞

疏浚工程就顺利地结束了。

⊙史实链接

嘉靖四十五年（1566年），海瑞买棺材，别妻子，散童仆，以死上书，劝说世宗不要相信陶仲文这帮方士的骗术，应振理朝政，因而激怒世宗，下令将他逮捕入狱。直到明世宗死去，海瑞才得到释放。到了隆庆三年（1569年），海瑞被提任为右佥都御史、钦差总督粮道应天巡抚，执掌十府的行政督察大权，这下子他可以施展自己的抱负，大干一番事业了。

海瑞为人素来不畏强暴，铁面无私，这是天下人都知道的。过去他的名声虽大，但官职不大，所以有些人并不怕他。如今他被任命为应天十府巡抚，位高权重，非比寻常。因此，不少官吏听到这个消息后有些胆颤心惊，特别是那些贪官污吏、土豪劣绅，更是坐卧不宁，惶惶不安。有的不等海瑞到任就悄悄地把家搬到不属于海瑞管辖的地方，有的事先自动奉上呈文请求辞职，以免将来受到控告。当时有个权贵，他家的大门本来是朱红色的，一听到海瑞任命的消息后，怕会因此引人注目招来麻烦，连夜把大门漆成了黑色。还有个监督江南织造的太临，平时声势煊赫，排场惊人，出入都坐位同一品的八人大轿，这时也小心翼翼地改乘四人小轿，唯恐被海瑞知道后，会惹来麻烦。但是百姓们听到这个消息后，都高兴得奔走相告："海青天"来了，盼望他早日到任。

海瑞墓

⊙古今评说

在工程进行的前前后后，海瑞也曾受到过地主豪绅的各种反对和冷遇，有的怕要自己出钱，找出种种借口来反对，例如徐阶就打着替百姓设想的幌子说：如果没有财力，不如不动工，否则又要增加人民的负担。实际上是反对进行这项工程。有的则采取袖手旁观不予合作的态度，等着看海瑞失败的笑话。但是也有极少数较有远见的地主豪绅对他持支持的态度，例如溧阳豪绅史际曾运了2万石米资助海瑞。等到这项工程迅速完成之后，大家都惊异得很，在内心里不得不佩服海瑞的魄力和能力。

这次疏浚吴淞江的工程，不久就收到了显著的效果。当年（隆庆四年）和第二年，又因连绵阴雨而发了大水，却没有造成水灾，老百姓都感恩地说："这都是海龙王（瑞）治水的功劳啊！"就连当地松江大地主何良俊也说："如果没有海瑞来主持这件事，这疏浚吴淞江的大工程，是无论如何也完成不了的！"

高官中的水利专家——林则徐

⊙拾遗钩沉

清王朝乾隆五十年（1785年），林则徐出生在福建省侯官（今天的闽侯县）一个家道中落的官僚家庭里。27岁时中了进士，在北京城里的翰林院做官。他和当时一般的翰林不同，不仅讲究写文章，而且努力学习和研究经济方面的问题。从嘉庆末年开始，林则徐先后在河南、江苏、陕西、湖北，山东等地做地方官。20多年的时间，从道台，一直做到巡抚、总督。在各地任上，林则徐一贯地注意发展农业生产，特别注意防治水害和兴修水利，成为当时清政府高级官吏中著名的水利专家。

嘉庆二十五年（1820年），林则徐外任浙江杭嘉湖道。他积极甄拔人才，建议兴修海塘水利，颇有作为。道光三年（1823年），提任江苏按察使。在任上，他整顿吏治、清理积案，平反冤狱，并把鸦片毒害视为社会弊端加以严禁。

道光四年（1824年），林则徐调任江宁布政使。当时，江苏、浙江一带正准备兴修水利。两省的官员一听说林则徐来了，就上书给道光皇帝，一致要求由林则徐来主持两省的水利建设。不料，就在这时，林则徐的老母亲在福建家乡去世了。按照封建礼教，做官人的母亲死了必须停职回家守丧3年。可是，朝廷认为江、浙的水利工程

林则徐

1785-1850

林则徐

87

非林则徐不可，破例不让他回家守丧尽孝，而责成他在职督办水利。这种事情在封建社会是极少的。可见，林则徐已是当时朝野公认的水利权威。接受任务后，林则徐一连几个月，日夜奔波操劳。工程顺利地完工了，他却积劳成疾，不能坚持工作了，朝廷只好放他回福建老家去养病。

过了2年多，清政府又调林则徐去做东河总督。这是专门负责黄河治理事务的最高职位。林则徐在东河督任上不到一年，就基本完成了运河挑挖和巩固河防的任务。离开东河总督的位置后，林则徐被调往江苏做巡抚。江苏的人民听说林则徐又回来了，有好几万人自动出境欢迎他。他在江苏任上5年，又兴办了不少水利工程。

林则徐不仅在职时到处兴办水利，就是在他被贬官，充军以后，也不忘防治水害，兴修水利。

1842年，轰轰烈烈的禁烟运动失败后，昏庸无能的道光皇帝撤了林则徐的职，并把他发配新疆。刚到伊犁，他就提出关于"塞上屯田水利"的建议。伊犁将军布彦泰征求他意见，问他愿在伊犁办理屯田，还是到边远的地方去。他干脆提出，要到各地去走走。从此，他往来奔走于吐鲁番、哈密、库车、阿克苏、乌什、喀什、莎车、和田等地，亲自指导勘垦。他发现新疆的坎儿井，既可利用地下水源，又能减少蒸发，是很适合当地情况的水利设施，只是

林则徐故居

开挖得太少。于是，他倡导各地人民积极打井修渠，并亲临现场指导，使坎儿井在这一段时期有相当大的发展。吃水不忘开井人。新疆的人民对林则徐非常感激，修建了"林公坊"，表示对他的颂扬和纪念，至今还有把坎儿井称做"林公井"的。

⊙史实链接

就在林则徐动身去新疆时，开封地段的黄河决了口。大水淹没了河南、安徽的几十个县，灾情严重极了。朝廷派了大学士王鼎去治河。王鼎深知林则徐治河经验丰富，再三向道光皇帝要求让林则徐留下来帮助治河。道光皇帝也知道林则徐的本事，批准了王鼎的要求。于是，林则徐又留下来治理黄河了。

林则徐来到黄河决口的地段后，不顾罢官、流放和外患未除给自己带来的巨大精神创痛，也不顾虚弱有病的身体，在风沙和冰雪中到处奔波。他亲自在第一线指挥民工疏通河道，修筑加固堤防。经过半年多的奋斗，黄河大堤顺利合拢，决口被堵住了。大学士王鼎被林则徐这种忘我的精神感动得不得了，他含着热泪上书给道光皇帝报告治河结果，热情地赞颂林则徐为治河所做出的贡献。谁知，他所得到的只是皇上一句冷冷的批复："知道了。"

王鼎并不为朝廷的冷漠而丧气，他再一次上书，恳求以林则徐治河之功，赦他的充军之苦，在庆祝治河成功的宴会上，王鼎不顾森严的等级观念，把朝廷的"罪人"林则徐推上首座。就在宴会进行一半时，道光皇帝的圣旨下来了，命令林则徐立即动身去新疆服刑。

民族英雄——林则徐

⊙古今评说

林则徐是中国近代初期禁烟运动与抗击外来侵略的民族英雄，同时也是"开眼看世界"的地主阶级改革派代表人物。他在远戍西北边疆期间，为近代西北的开发做出了突出贡献。

林则徐像

林则徐自称他为"荷戈西戍一老兵"，诚然，无论从勘田开荒，还是兴修水利、推广坎儿井，他都是当之无愧的。清人金安清称赞林则徐在南疆"浚水源、辟沟渠，教民耕作"，"大漠广野，悉成沃野，烟户相望，耕作皆满……为百余年人版图未有之盛"。此论不免有溢美之嫌，但屯垦活动在林则徐的推动下达到"前所未有的规模"则是无可辩驳的事实。

清代的治黄专家——陈潢

⊙拾遗钩沉

陈潢字天一、天裔，号省斋。钱塘（今浙江杭州）人，一说为秀水（今浙江嘉兴）人。清代水利家。他虽然出身平民，却负有报国壮志，尤对农田水利事业感兴趣。

经过明末清初的大动乱，放荡不羁的黄河年久失治，常常在苏豫皖一带决口泛滥，横流千里，肆虐民间。因而治理黄河成为当时的水利大事，它深深地吸引着陈潢。他曾经沿黄河而行，直达宁夏、甘肃一带，对黄河实地考察。在途中，陈潢仔细地考察前人的治水工程，为这些千年不朽的事业而感到振奋，同时也为沿岸人民与大自然顽强斗争的精神所鼓舞，希冀有朝一日能为治黄作出贡献。

陈潢数次参加科试，想由此出仕，来达到参加治河的愿望。但是命运多舛，他屡试皆不中。康熙十年（1671年），陈潢流落邯郸，郁闷无聊，乃题诗庙壁，以抒发自己报国无门的烦恼，一吐壮志难酬的愤怨。不料此诗被途经该地的内阁大学士靳辅见到，他慧眼独具，十分赏识陈潢的才华与抱负，乃聘陈潢为家庭教师，让其随之同往安徽赴巡抚任所。在安徽，陈潢教课之余，考察民情，向靳辅建议兴修水利，开荒

修建后的靳辅

垦田。这些建议被靳辅采纳后,不仅皖域黄河灾民得以重返家园,安居乐业,而且还为政府节银24万两。

康熙十六年,靳辅以治绩出众被任命为河道总督,陈潢则成为他的得力助手,实现参加治理黄河的宿愿。陈潢对治河倾注了极大的热情,他并不迷信旧有的地图,而是认为河流常徙,须实地考察为妥。他跋涉险阻,上下数百里,一一审度;向沿岸农民、老役请教,凡有所建议,皆记录备案,以便参考。通过实地调查,陈潢提出了合理的筑堤法,陈潢的"测水法"使潘季驯"筑堤束水,以水攻沙"的理论变得更为科学。

陈潢认为治水必须顺流疏导,或蓄或束,或泄或分,皆要顺从水性,不可违反"水往低处流"的规律。因此,他采用建减水坝、开引水河的办法,即在水多易泛滥之处开流引水,使之在下游缓宽之处再引入河中,减少险情。

陈潢协助靳辅治水,凡计算土方、核实工程、规划原料、征召民工等,皆规划有度。经过努力,黄河、淮河畅通安流,漕运方便,黄河下游的多年水患基本消除,昔日高邮(今属江苏)一带湍波冲击的运河,亦获"永安河"的美称。康熙二十三年,陈潢因功绩被封为佥事道。

在长期的治河实践中,陈潢还认识到治河须全流规划,源流并治。他认为西北沙松土散,黄河易挟沙入流,因而要使下游久安,必须在西北流域下功夫。靳辅为此具文上奏,请求朝廷支持,但未被采纳。他俩并未灰心,召集流民屯垦黄河肆虐过的荒涸之地,以谋集资治河。经过一段时期的辛勤

陈潢治理后的黄河

开发，黄河下游一些水荒之地渐成良田，庐舍隐现，炊烟相望。

⊙史实链接

康熙二十七年（1688年），御史
郭绣向靳辅敲诈未能如愿，就设计陷
害，偷偷向皇上奏了一本，说靳辅、
陈潢在黄河下游"屯田扰民"，图谋
不轨。康熙一听非常生气，马上将靳
辅革职，并将陈潢削职，缉拿入京处
置。陈潢受到如此诬陷，愤慨交加，
没想到自己一片真心为国为民，竟落
得如此下场。在被押解上京途中，他

康熙皇帝

看到黄河仍未能得到彻底治理的情景，心里非常沉痛，面对黄水，仰天长
叹，觉得自己治理黄河的抱负，百姓的愿望又付之东流了，难过得流下了
伤心的眼泪。在差人押送下，陈潢不时回头含泪遥望奔流的黄水，直到京
城，他仍觉得咆哮的黄水在眼前翻滚，灾民的呼喊在耳边回响。他遥望南
方，心如刀绞，泪如雨下。

到了京城以后，还未入狱，他终因多年积劳成疾，加上新近的忧愤和旅
途颠簸，一病倒下，再也没有起来，不久就死在京城。后来皇帝弄清了事
实真象，给靳辅官复原职。靳辅立即上书皇帝，要求给陈潢复职，可是等
皇帝准奏旨下时，陈潢早已寝于九泉之下了。

⊙古今评说

清朝康熙年间，由于黄河河性日坏，一到汛期，便多处决口。滔滔黄水
凶如猛兽，冲出堤防，淹没农田，吞食村庄，使千万百姓葬身鱼腹，无数

财产化为乌有，黄河下游几成泽国，满目尽是凄凉景象。亿万人民迫切要求治理黄河，多少志士要为治黄献身，陈潢就是其中出色的一员，他一生为治黄建立了卓著功绩。

陈潢一生矢志治河水利，提出科学的"测水法"筑堤，又提出源流并治的治河方略，使治河理论得到丰富和发展；在他的努力下，黄河下游水患一度减轻，流民安居乐业。后人为纪念他的治河功绩，将他的治河言论辑成《河防述言》，流传至今。

近代水利科技先驱——李仪祉

⊙拾遗钩沉

　　李仪祉，原名协，字宜之，1882年，生于陕西蒲城富源村。李仪祉自幼受到良好的教育，尤其精于数学。1898年考取了同州府秀才第一名，1904年，又以优异成绩考取了京师大学堂预科德文班。1909年，由西潼铁路局选派，赴德国皇家工程大学学习土木工程。学成归国多年的李仪祉1922年受邀出任陕西省水利局局长，兼渭北水利工程局总工程师，有了将满腹才学和热情回报桑梓的机会。然而，战乱的环境使李仪祉的报国激情空洒在悲凉的黄土高原上。

　　1929年，持续的大旱使得整个关中平原和渭北高原赤地千里，最终酿成数百万人丧生的"民国十八年年馑"的惨祸。惨痛的灾难使人们想起了水利，也想起了李仪祉。1930年底，主政陕西的杨虎城将军毅然决定将此前搁置的陕西水利事业作为省政的首要，并力邀李仪祉回陕出任建设厅厅长一职。1930年冬，李仪祉欣然应邀，再次回到家乡。这一次，李仪祉以生命铸就了辉煌，书写了历史。在杨虎城、邵力子等陕西军政大员的倾力支持下，李仪祉带领水利队伍，先后建成了一批在全国处于领先地位的新式灌溉工程，其中就包括人们耳熟能详的"关中八惠"。

李仪祉

　　泾惠渠是陕西乃至中国近代化农田水利事

95

泾惠渠

业的开端。1930年11月，在获得华洋义赈会、檀香山华侨和朱子桥等中外慈善团体和个人的赈灾捐款后，泾惠渠正式破土动工。1932年6月21日，泾惠渠一期工程竣工，开闸放水。对中国近代水利史来说，这一天是一个值得纪念的日子。1935年6月，泾惠渠的全部工程告竣，共耗资167万元，干支渠总长273千米，可灌溉泾阳、礼泉、三原、高陵、临潼5县农田70余万亩。

洛惠渠是开工时间仅次于泾惠渠的关中地区又一大型水利工程。泾惠渠一期工程竣工后，李仪祉就派人勘测洛河，筹划开渠。洛惠渠由水利部泾洛工程局主办，1934年3月开工。由于工程异常艰巨，直至1949年仍未全部完成。洛惠渠全长83千米，计划灌溉大荔、蒲城、华阴等县农田50多万亩。洛惠渠的各项建筑物均由钢筋水泥建造，近代化程度极高，并以工程巨大、坚固、壮观而名列陕西各渠之首，与泾惠、渭惠并称为"关中八惠"的三姊妹渠。

渭河是关中地区最大的河流，引渭水造福三秦人民，始终是李仪祉的心愿。在他的努力下，渭惠渠工程于1935年4月动工。渭惠渠在1935年和1936年施工最紧张的时期，都曾因渭河暴涨，拦河大坝一再被洪水冲毁。当时抱病的李仪祉不顾医生和家人的劝阻，冒雨坚持在施工现场，指挥修复大坝，并现场修改建坝方案。他的精神鼓舞了所有的工程人员，大家齐心协力，日夜奋战，终于在滔滔洪水中将一座宏伟的拦河大坝竖立起来，使渭惠渠一期工程于1936年夏如期竣工，二期工程也于次年完成。渭惠渠干支渠总长177千米，可灌溉眉县、扶风、武功、兴平、咸阳5县农田50余万亩。

渭惠渠

泾、洛、渭三渠工程启动后，陕西境内开渠引水，兴修水利蔚然成风。在以后几年，"关中八惠"中的梅惠渠、黑惠渠、泔惠渠、沣惠渠以及涝惠渠也相继建成，造福沿途民众。

1938年3月7日，年仅56岁的李仪祉因积劳成疾而逝世。据其门生统计，短短10余年，他主持筑成八惠，灌溉农田300余万亩，惠泽三秦，居功至伟。其人格与精神，足以感召世人，垂范后代。

⊙史实链接

1915年，李仪祉学成回国，任南京河海工程专门学校教授、教务长，又曾一度主持校务。南京河海工程专门学校是中国第一所水利专门学校，没有现成的经验可借鉴。李仪祉白手起家，亲自编制了学校课程。为了解决国内没有水利工程方面的教材问题，李仪祉一面先使用外国教材，用外语授课，一面自编中文教材。李仪祉还亲自动手做成各种水工建筑物的模型，其中有山谷水库、重力坝、土坝、溢洪道、桥梁、涵洞、水电站、船闸等，供教学实习和实验之用。他还采集了各种矿物标本、建筑材料样品等，供教学参考。

1919年，五四爱国运动爆发，李仪祉亲自率学生上街游行示威，发表演说，热烈地支持学生的爱国运动。在实际工作中，他把爱国与求学、政治与技术统一起来了，既培养了学生的爱国主义思想，又使学生懂得要脚踏实地学好文化科学知识，才能把祖国的建设事业搞好，才能实现真正的爱国。

李仪祉雕像

⊙**古今评说**

1983年2月"陕西各界纪念李仪祉先生逝世35周年大会"上，与会同志高度评价了这位勤劳而伟大的科学家、教育家，说他"不愧是一位杰出的水利专家，我国现代水利工程的先驱，也是一位爱国的教育家，他在水利科学技术教育和水利工程建设上做出了巨大的贡献。他的业绩是永存的"。对于

李仪祉纪念馆

这些评价，李仪祉先生是受之无愧的。他的千秋功业，将永远受到后人的怀念。

从都江堰到南水北调

98

四、星罗棋布的
水电站

最早自行设计的大型水电站
——新安江水电站

⊙**拾遗钩沉**

在连绵起伏、林木葱郁叠翠的浙西群山之中，屹立着一座巍峨的拦河大坝，它就是闻名中外的我国自力更生建设起来的第一座大型水电站——新安江水电站。

新安江，是钱塘江上游的一大支流。源出安徽黄山、率山，流经皖浙两省的屯溪、歙县、淳安、建德等县境，到建德梅城与兰江会合后注入富春江。干流全长261千米，流域面积11 800多平方千米。流域内多年平均降雨量1 700多毫米，总来水量113亿立方米。新安江滩多流急。从屯溪到建德铜官峡谷的170千米间，有天然落差100米。古代诗人曾以"一滩又一滩，一滩高十丈，三百六十滩，新安在天上"的诗句来描绘它的雄伟气势。它是一条落差较大，水能资源丰富的河流。

新安江，在历史上是一条难以驯服的"蛟龙"。早在1946年，国民政府曾设想在此建造总装机容量仅10万千瓦的3级电站，终因腐败无能，搞了几年一事无成。1949年，中华人民共和国成立。随着国民经济的迅速恢复和发展，经济较发达的长江三角洲地区，尤其是上海电力的供需矛盾日趋突出，急需发展区域性大电站和大电力系统。1955

新安江水电站

年，上海勘测设计院全面展开勘测设计工作，11月上旬选定铜官峡谷为电站初步设计坝址。1956年5月，电力工业部新安江水力发电工程局建立，开始组建施工队伍，6月20日，国务院批准将国家第二个五年计划的项目——新安江水电站工程正式立项，新安江水电站工程建设由此拉开了序幕。

1956年，新安江水电站工程建设是在既缺乏建设大型水电站经验，国家经济基础又相当薄弱的困难条件下上马的。广大建设者为改变国家"一穷二白"的落后面貌，披荆斩棘，艰苦创业，在困难中前进。1956年8月20日，工程局首批职工进驻工地。随后，来自四面八方的万余名职工头顶蓝天，脚踩荒滩，住草棚，点油灯，劈山修路，建造辅助工厂，为电站主体工程施工作准备。1957年4月1日，电站主体工程开工。建设者们日夜备战，工程进度不断提前。工程局党委发出"苦战三年，为争取1960年发电而奋斗"的号召，全局职工热烈响应。在机械化、自动化混凝土生产系统建成前，建设者们土法上马，采用人工挖砂石料、小型拌和机拌和混凝土、汽车和手推车运输等办法，于1958年2月18日开始浇筑拦河大坝。

1959年9月，实现斩江截流，水库开始蓄水。1960年4月，第一台7.25万千瓦水轮发电机组投产，向浙西地区110千瓦系统送电。9月，通过新、杭、沪220千伏高压输电线路联入华东电网。但是，电站的完善、结尾工

最早自行设计的新安江水电站

程因受到"文化大革命"的影响，最后一台机组直至1977年10月才投产，电站最终装机9台，总装机容量为66.25万千瓦。

⊙ 史实链接

电站建设中，广大科技人员依靠党的领导，依靠工人群众，大胆创新，

101

著名的新安江水电站

将原实体重力坝设计改为大宽缝重力坝，以减少混凝土浇筑工程量，并先后采用了大底孔导流钢筋混凝土闸门、装配式开关站结构架、拉板式大流量溢流厂房等先进技术，加快了工程进度，降低了工程造价，电站建设共开挖土石方580余万立方米，浇筑混凝土170多万立方米，制造安装金属结构4万余吨，迁移居民29万余人。工程总投资4.23亿元，实际总造价3.31亿元，单位造价每千瓦499元。它的胜利建成，使中国水电建设跃上了一个新的台阶。

⊙古今评说

新安江水电站以发电为主，兼有防洪、灌溉、航运、渔业、林果和旅游业等社会经济效益。电站建成前，常因山洪暴发，江水陡涨，新安江两岸田淹房毁，百姓深受其害。电站建成后，水库发挥了拦洪错峰作用，避免和减轻了下游30万亩农田的洪涝灾害。另外，水库区内开辟航道50余条，终年通航。过坝铁路建成后，出现显著的"湖泊效应"，库边雾区扩大，绝对温差缩小，相对湿度增大，无霜期延长，促进了林果业的发展。库区水面广阔，港汊交错，天然饵料丰富，利于鱼类生长，年捕鱼量由建库前的10万千克左右，增至1990年的500万千克，为全国八大水库之冠。新安江水库烟波浩渺，峰峦叠嶂，千余座岛屿犹如块块翡翠镶嵌在明镜之中，水碧山黛，风景旖旎，以"绝色千岛湖"之美誉蜚声中外，成为国家级风景名胜区，吸引着四方游人。

新安江水电站夜景

102

最早国际招标建设的水电站
——鲁布革水电站

⊙拾遗钩沉

    1984年水电部首次利用世界银行贷款修建鲁布革水电站。该电站位于云南和贵州两省交界处的南盘江支流黄泥河上，是黄泥河干流最下游的一级电站，也是开发黄泥河水能资源的第一期工程。

    鲁布革水电站总装机容量60万千瓦，保证出电力8.6万千瓦，年发电量27.4亿千瓦时。按流域规划要求，在其上游还将修建阿岗水库，对径流进行补偿调节，可提高本电站的保证出电力，年发电量可增至29.4亿千瓦时。水库库容1.11亿立方米，有效库容0.74亿立方米。鲁布革水电站建成后，将以4回220千伏及5回110千伏线路并入西南电网，为云贵两省供电，对促进云贵地区矿藏资源开发和工业生产的发展势必起到重大作用。

    鲁布革水电站枢纽工程由首部拦河坝、引水系统和厂区工程三部分组成。

    枢纽坝址地处"V"字形河谷，枯水期河面宽约30米，两岸高山对峙，谷坡无开阔台地。坝基为石灰岩、白云岩，地质结构复杂。坝型为黏土心墙堆石坝，最大坝高103.8米。泄洪建筑物有左右岸泄洪隧洞，左岸开敞式溢洪道。溢洪道最大泄流量为

鲁布革水电站

国家重点建设工程——鲁布革水电站

每秒10 093立方米。引水系统包括进水口、引水隧洞、调压井及高压引水钢管，压力引水道长约10千米，共集中利用落差372米。厂房为地下式，布置在峡谷出口处，内装四台单机容量为15万千瓦的竖轴混流式水轮发电机组。

鲁布革水电站1982年6月被列为国家重点建设项目，由昆明水电勘测设计院负责设计，水电部第十四工程局负责前期施工准备以及首部枢纽、厂房系统的施工。为适应改革开放的要求，1984年水电站组建了新型的项目管理机构——鲁布革工程管理局，对外代表业主并作为工程师单位，对内作为建设单位，全面负责电站的建设管理。

1982年11月导流隧洞工程正式开工，1985年11月实现截流，1988年12月27日第一台机组投产发电，较原定计划提前一个季度。整个工程于1990年竣工。从截流至第一台机组投产发电，其间仅用了三年时间，属近年来我国大型水电站建设周期较短的工程之一。

⊙**史实链接**

为反映鲁布革水电站建设工程规模（坝高、长、库容、隧洞长、直径、装机容量等）、参加建设的中外单位（包括设计、施工、安装、咨询等）、建设过程（勘测、设计、施工、开工日期、建成日期等），以及深切缅怀在水电站建设中光荣献出生命的建设者，1992年5月动工兴建鲁布革水电站建设纪念碑，并于1992年12月建成。设计单位：水利电力部昆明勘测设计院。纪念碑位于鲁布革水电站厂房门口左侧，占地面积38.64平方米，碑身高7米，为三块钢架结构镜面不锈钢板包面立体构成，正面的一块高7米，左、右两侧均为6.25米高，宽0.8米。它们分别象征设计单位，施工单位和生产管理单位，中间的支撑圆盘，象征旋转中的水轮机转轮。碑座高1.6米，为砼浇筑紫红色花岗岩贴面，由四块高1.2米，上边宽为2.8米，下边宽为3米的面组成。

规模宏大的鲁布革水电站

　　碑身的正面有前国务院总理李鹏题写的"鲁布革水电站"6个大字，碑座正面为中、英文分别题写的"中国水电建设史上对外开放和管理体制改革的里程碑"碑文。右侧面为电力部副部长陆佑楣题写的"永远缅怀为鲁布革水电站建设而献身的同志们"，左侧面题写的是参加水电站建设的中、外单位。

⊙古今评说

　　该电站的建设系多渠道利用外资，其中包括：世界银行贷款1.454亿美元，挪威政府赠款9 000万克朗，澳大利亚政府赠款790万澳元以及国家自由外汇约4 000万美元等。同时，多层次聘请了外国咨询专家，其中有世界银行高级咨询团和常驻现

最早国际招标建设的水电站——鲁布革水电站

105

场的挪、澳两个咨询专家组。还引进了先进技术和管理经验，其引水工程采用国际竞争性招标方式，为日本大成公司承包施工，按国家承包合同管理程序修建，开创了水电建设中质量高、速度快、造价低廉的新局面。总之，鲁布革水电站第一台机组并网发电，标致着我国第一个对外开放、引进外资的水电工程改革试点获得成功。

最早的100万千瓦级大型水电站
——刘家峡水电站

⊙拾遗钩沉

刘家峡水电站，位于甘肃省兰州市上游100千米处的永靖县境内，是黄河干流上的一座以发电为主，兼有防洪、灌溉、防凌、航运、养殖等综合利用效益的大型水利水电枢纽。当正常水位时，水库容积为57亿立方米。电站共装5台机组，总容量为116万千瓦，设计年均发电量为57亿千瓦时，枯水出电力40万千瓦。

刘家峡是永靖县城东一个长达12千米的峡谷，两岸山峰峭陡，岩石嶙峋。南来的黄河经刘家峡转了90°后，又穿过深邃的峡谷纵贯永靖县城向西奔流而去。在峡谷的最窄处，一座巍峨挺拔的混凝土大坝，有如铜墙铁壁屹立在滚滚的波涛之中，紧密地把两岸连接在一起，将黄河拦腰斩断。浩浩荡荡奔流而来的河水被锁在峡谷之中，在大坝面前驯服地安静下来，镶嵌成一个高原平湖。

顶部全长840米的拦河大坝是水电站的主体工程，也是我国建成的第一座拦河高坝。河床主坝段为直线型混凝土重力坝，最大坝高为147米，长204米，顶宽16米。主坝左右各有混凝土副坝和溢流堰连接，全长636米，高约28~46米，其中右岸坝肩为黄土副坝。在大坝施工中先后开挖土石方800多万立方米，浇注混凝土和钢筋混凝土150多万立方米。现在，坝前一泓碧水，波光粼粼，清澈见影，坝上350吨门式起重机昂首挺立，坝内埋设

107

刘家峡水电站

着各种观测仪器，从厂房到坝顶120多米高的电梯频频起落，大坝两岸的悬崖陡壁上，铁塔高耸，银线贯空。

电站的泄水排沙建筑物有左岸泄水道、右岸溢洪道和坝底泄洪洞、排沙洞。泄水建筑物标准按千年一遇洪水设计、万年一遇洪水校核，设计在正常水位1735米时，总泄量7 500多立方米每秒，在校核洪水水位1738米时，总泄量8 000多立方米每秒。在汛期季节里，依偎在大坝左腋峭壁上的泄水道内，黄河水像一条发怒的蛟龙咆哮着从坝内窜出，一头扎进主河道内，随即飘洒起一阵细雨。大坝右端的溢洪道内，黄河水又似一群被囚禁的雄狮冲出闸门，狂怒飞奔，在40多米宽、870多米长的渠道内，以每秒约30米的速度翻滚而下，从高出河床近百米的陡坎飞落河中，像瀑布飞泉悬挂山腰，溅起一团团水雾直冲云霄，雷鸣般的吼啸声震长空。

坝后是电站的厂房。因为河床狭窄，厂房的一半枕在主河道上，称为坝后厂房；一半伸进大山腹中，称为地下厂房。主厂房全长170多米，宽25米，高50多米，厂房内灯火如昼，宽敞明亮，酷似一座"地下宫殿"。

主厂房内，5台立式水轮发电机组一字排列，如盘龙、似卧虎，昼夜轰鸣。其中26万千瓦的水轮发电机组是我国第一台单机容量最大的双水内冷式水轮发电机组，它由50 000多个部件组成，总重量2 000多吨，最大部件重达650吨，像一座7

大型水利水电枢纽——刘家峡水电站

层楼高、直径近13米的大圆形宝塔。厂内还安装着220千伏和330千伏超高压升压站和开关站，以及其他辅助设备、保护和自动化装置。厂房内的中央控制室，是电站的神经中枢，它通过返回屏、操作台、工业电视、通信台等自动装置，集中控制、监视和指挥全厂设备的正常运行，通过载波和微波电话可与西北电网所到之处随时进行联系。

⊙ 史实链接

　　黄河，是我国第二条大河，像一条金黄色的巨龙横卧在伟大祖国北部辽阔的大地上。在古代的漫长岁月里，由于社会制度和科学技术条件的限制，放荡不羁的黄河给沿岸人民带来了无穷尽的灾难，被称为"中国之忧患"。新中国成立后，古老的黄河也获得了新生。为根治黄河水害开发黄河水利，第一届全国人民代表大会第二次会议决议将刘家峡水电站列为第一期建设工程之一。

　　刘家峡水电站工程于1958年开始筹备施工，1961年停工缓建，1964年正式开工，1968年蓄水，1969年3月底第一台机组发电，1974年底5台机组全部投产运行，建筑安装工程全面竣工。从勘测、设计、科研、施工到全套设备的制造和安装，都是依靠我国自己的力量完成的，是我国水电建设史上第一个装机百万千瓦以上的大型水电站。

正在修建的刘家峡水电站

⊙ 古今评说

　　刘家峡水电站工程规划设计合理，施工质量良好，分别被水利电力部评为优秀设计和优秀工程，并荣获了国家优秀工程设计奖。强大的电力由3个

刘家峡水电站风景

开关站经4条220千伏和1条330千伏的超高压输电线路送往兰州、天水、青海、西宁和陕西关中，其中，刘家峡至关中530多千米长的330千伏超高压输电线路是我国首次兴建的。这些线路把陕西、甘肃、青海3省的电网连接在一起，形成了一个东至关中平原、西达青海高原、南到甘南草地、北临腾格里沙漠的方圆几千公里的大电网，有力地促进了西北地区工农业生产的迅猛发展。

通过水库的调节，控制下泄流量，使下游兰州、包头等工业基地及广大人民的生命财产不再遭受特大洪水的侵袭，同时还减除了宁夏、内蒙古约700千米河段在解冻时期冰凌的危害。上游水库面积广阔，湖水平稳澄清，水面温度提高，除终年可以通航外，更是自然的养殖业良好场所。

我国石灰岩地区第一座大型水电站
——乌江渡水电站

⊙拾遗钩沉

乌江渡位于历史名城遵义南面55千米，是历代黔蜀要津。我国石灰岩地区第一座大型水电站——乌江渡水电站，就耸立在这个古老渡口的苍茫云水之间，点缀出一幅溢彩流金的宏图；巍峨的混凝土大坝截云挡水，高峡平湖，碧波粼粼，输电线通向四面八方。入夜，那五颜六色的灯光如天上繁星闪烁。

乌江渡水电站工程由混凝土拱形重力坝、河床坝后厂房和左右岸泄洪设施等组成。拦河坝长约500米，高165米，坝顶宽可以并行五辆汽车。水库总库容23亿立方米，电站安装三台国产21万千瓦的水轮发电机组，总装机容量63万千瓦，相当于旧中国水电总装机容量的4倍多，年平均发电量33.4亿千瓦时，一天的发电量比解放初期贵州全省一年的发电量还要多。整个工程开挖土石方275万立方米，浇筑混凝土256万立方米。如果把这些混凝土垒成高宽各一米的长堤，可以把井岗山和遵义连接起来。

主体工程于1974年动工兴建，1982年基本建成，3台机组分别于1979年、1981年和1982年相继投产发电。这么浩大的工程，实际上只用了5.87亿元的工程投资，比设计预算总投资少用1738万元，节约2.9%，单位千瓦装机容量投资为960元，是目前国内执行设计预算最好的大型水电工程之一。坝体工程、帷幕灌浆、泄洪建筑物、主副厂房、金属结构和机组安装等工

111

乌江渡水电站

程项目均达到设计要求，优良率达85%以上。经水利电力部水电建设创优项目评审委员会评定，乌江渡水电站为一级优秀设计和一级优秀工程。

乌江渡坝址地形险峻，地下情况复杂。这个喀斯特地区，岩溶发育，地下暗河与溶洞星罗棋布，断层与裂隙纵横交错，密密集集，平均每五米宽就有一条断层，每米宽度上分布有五条裂隙；溶洞串珠状分布，如一缀缀的葡萄串，洞靠洞，洞套洞，洞洞相连，总体积达82000立方米；两岸暗河源长泉涌，向外延伸十几千米。这些暗河、溶洞、断层、裂隙形成了地下渗漏网，是修建水电站的祸害。

我国水电建设者为攻克这个难关，在坝区开挖了3 000多米的勘探洞，打了3 000米的钻孔，用钻孔电视、钻孔摄影、地质雷达和无线电透视等先进技术，查清了坝区近万条断层裂隙，探明了近百个溶洞和两岸暗河网。他们大搞技术革新，自己研制高压灌浆泵，采用高压灌浆的新工艺，把水泥沙浆灌注入地层深处，固结断层裂隙，充填溶洞空穴，堵塞地下渗漏通道，在地下悬挂起一幅硕大无比的水泥沙浆挡水帷幕，悬挂深度达200多米，总面积达18.9万平方米，灌浆钻孔总长度达19万米。这项浩大的防渗工程闯过了"畏途"，开创了我国水电建设史上的新篇章，获得了在喀斯特地区建水电站的宝贵经验，消除了人们重重顾虑。水库蓄水发电几年来，没有发生渗漏现象，防渗效果极好。

112

⊙ **史实链接**

乌江渡水电站显著的建设成就的取得，并不是由于建设条件得天独厚，相反，水电站建在石灰岩溶洞发育地区，坐落在"两崖障日，一缝中通"的老虎嘴峡谷中。这个老虎嘴名不虚传，两岸悬壁犹如猛虎张巨口，吞云吐雾，急流咆哮，地势险要，地质条件复杂，洪水流量大，给水电站的建设造成了巨大的

大型水电站——乌江渡水电站

困难。我国水电建设者硬是顶住了来自各方面的干扰，自力更生，艰苦奋斗，多快好省地建成了我国第一流的大型水电站。

老虎嘴峡谷，河床宽仅70余米，却控制着27 790平方千米的流域面积，在特大洪水时，每秒要吞吐24 000多立方米的洪水。在这样的峡谷中建水电站，如按常规的工程枢纽布置方法，把主副厂房与泄洪建筑物分开，就需要开挖地下厂房，增加工程投资近1亿元。工程技术人员因地制宜，在坝后的河床上，将主副厂房、泄洪建筑物和220千伏送变电开关站等庞大的建筑群多层重叠布置，重

我国石灰岩地区第一座大型水电站——乌江渡水电站

叠高度达98米。这么高大的多层重叠建筑群，在水电工程中还是极为罕见的。

⊙古今评说

乌江渡水电站投产后，强大的电力源源不断地输送到苗岭滇池，巴山

四、星罗棋布的水电站

宏伟壮观的乌江渡水电站

蜀水，一举解决了贵州省电力紧缺的难题，而且进电川东，缓和了重庆、云南两省市供电紧张的状况，促进了我国西南地区工农业生产。

乌江渡水电站，是我国水电建设的范例，并为我国在石灰岩地区修建大型水电站提供了宝贵的经验，同时为开发乌江干流的水力资源创造了有利条件。今后在乌江干流上还将兴建从几十万千瓦到百万千瓦的大型梯级水电站，为"四化"建设提供更多电力。

最早的闸墩式水电站——青铜峡水电站

⊙拾遗钩沉

青铜峡水利枢纽是黄河中上游，宁夏回族自治区内，一座灌溉发电为主的综合利用水利枢纽，其电站部分为低水头河床闸墩式电站。坝长687.3米、高42.7米，设计水头18米，装机8台，容量272兆瓦。灌溉面积550万亩，工程投资2.5亿元，1958年开工，1967年发电。

青铜峡水电站的特点是：8个机组电站坝段为7个溢流坝段相间面置，电站边墙就是溢流坝挡水闸门的支墩，称之闸墩式电站。机组电站坝段设置2个空间曲线型排沙泄水底孔。机组厂房为半露天式厂房，半门式起重机，其轨道一侧在厂房顶内另一侧在大坝顶。机组检修时，要吊开厂房顶金属八角帽，才能进行机组安装检修。

青铜峡闸墩式电站在国内是第一个电站，是原水利部北京勘测没计院、青铜峡枢纽工程项目设计总工程师万宗尧同志，在前苏联读副博士学位的论文题目。

闸墩式电站优点是：这种布置能保持电站上下游水流均匀，防止集中冲刷，利于排泄污物。机组坝段泄水管能防止坝前泥沙淤积，减少水轮机磨损，缩短泄水建筑物长度，泄水管泄水时射流效益能增加发电量。最主要是

规模宏大的青铜峡水电站

115

解决多泥沙河流上建坝的泥沙淤积。坝两端渠首电站解决发电灌溉用水矛盾。

闸墩式电站缺点是：机组坝段泄水管与尾水管呈立体交叉，泄水管平面上绕过尾水铜管，立面上从机组进水口下方进口，逐渐上升到尾水管上方出口，进口高3.55米缩至出口高1.5米是空间曲线形。结构复杂、孔洞多，占电站剖面积50%；是薄壁结构，最薄处仅1.5米；梁多、闸门多、闸门拉杆多、风水油管路长；施工难度大，混凝土温度控制难。

面对这种新型复杂的坝型，结合当时施工条件和技术水平，工程建设困难多，施工难度大。在工程施工期间和工程施工以后，对青铜峡这种坝型，一直争论不休。设计单位认为，闸墩式电站布置很好地解决了黄河多泥沙河流上，有关前坝前防淤排沙问题；解决了灌溉发电用水矛盾，是基本合适的坝型。施工单位认为，青铜峡地处内陆高寒地区，当时技术力量薄弱，施工机械奇缺；气候干旱、昼夜温差大、冬季寒冷时间长，对混凝土浇筑温度控制不利。总之，施工单位始终认为，青铜峡采用闸墩式电站的形式是不适宜的。施工时，由于水电部领导的坚持，1959年，钱正英部长说："闸墩式电站布置，作为我们国家水电建设的一次尝试吧。"才得以建成中国第一座闸墩式电站。

⊙史实链接

1954年国家批准了青铜峡灌溉枢纽工程，并列为1957年前黄河第一期开发项目。计划分两期开发：第一期建挡水坝，抬高水位1.5米不发电，正常高水位1137.5米；第二期抬高水位7.5米，正常高水位1145米，装机容量105兆瓦。两期工程总造价2.35亿元。据此1955年由水利部北京勘测设计院开始勘测设计工作。至1957年11月，提出了《黄河青铜峡规划报告》，确定青铜峡水利枢纽工程灌溉，发电同期开发建设。提出枢纽正常高水位1156米，装机容量260兆瓦，投资2.64亿元。1958年8月，西北勘测设计院提出

《青铜峡水利枢纽工程初步设计报告》，确定灌溉发电一起开发，同期建设，水库正常高水位1156米，扩灌面积550万亩，装机容量272兆瓦，年发电量12.85亿千瓦时。考虑黄河是世界上多泥沙河流之一，坝址河面开阔。因此，枢纽采用了河床闸墩式电站。为满足灌溉发电

青铜峡水库

需求，设计了河东河西两座大型渠首电站。为防止电站泥沙淤积，每个电站坝段设立两孔呈空间曲线型泄水排沙管。

⊙古今评说

　　青铜峡水利枢纽1960年河床截流后，结束了从公元前262年的秦汉时代起，到1960年的2200多年无坝引水的历史，使传"天下黄河富宁夏"的银川平原，灌溉面积不断扩大，产量不断提高。廉价的电力，源源不断地送到工厂农村，对宁夏工农业生产起着巨大推动作用，解除了下游宁蒙河段的冰凌灾害。灌溉面积由新中国成立初期140万亩，扩大到550万亩，灌区粮食产量由3.19亿千克，发展到1998年达21.7亿千克，是新中国成立初期的7倍。

　　1994年钱正英为《中国水力发电史料——青铜峡水利枢纽专辑》题词："青铜峡水利枢纽是黄河综合开发的成功范例。"它的建成是一座历史的丰碑，是一颗塞上明珠。它记录了水电工人艰苦创业的伟绩，广大干部工人劳动智慧的结晶。它在西北边陲宁夏少数民族地区工农业生产中，闪烁着耀眼的光辉。

117

最早的高水头梯级水电站——以礼河梯级水电站

⊙拾遗钩沉

以礼河位于东经103°~104°、北纬26°~27°，是金沙江右岸的一条支流，发源于云贵高原的云南省会泽县待补乡，自西南向东北，流经会泽盆地，穿过水槽子、巧家县，注入金沙江。全河流域面积2 558平方千米，河长122千米，最大实测流量292立方米/秒。流域年平均降雨量1 040毫米，毛家村以上河段年平均流量15.9立方米/秒，毛家村至水槽子河段年平均流量为19.3立方米/秒。汇流及流经地区海拔自3 000米的滇东北高原到700米的金沙江，落差高达2 000多米，具有建筑高水头电站的优越条件。

1953年，北京和昆明等水电勘测设计人员，为了探明该地区水力资源，掌握可靠的地质水文资料，栉风沐雨，披荆斩棘，顶烈日、冒严寒，走遍了以礼河的山山水水。经过两年多的勘测，于1955年提出流域规划报告，确定以礼河电厂采取跨流域4个梯级的开发方式。

1956年7月，二级水槽子电站开工，1958年9月，第一台机组发电；1966年9月、1970年10月和1971年10月，三级、四级和一级电站先后并网

会泽以礼河

发电。以礼河电站共装机12台，总容量32.15万千瓦，年平均发电量设计为16亿千瓦时，实际1976~1983年8年期间年平均发电量为11.82亿千瓦时。其中，三级、四级电站各装机14.4万千瓦。三级电站最高水头67.9米，引用流量29立方米/秒，是目前我国最高水头的电站。

美丽的以礼河

以礼河径流90%来自天然降雨。暴雨来临，几百甚至上千立方米/秒的洪流滚滚而下；一俟天旱缺水，河水却萎缩到1立方米/秒以下。因此，建筑一座多年调节水库，是整个电站建设工程的关键。两万多名工人、民工组成的筑坝大军，克服了缺少大型施工机械和设计多变的困难，用锄头、扁担和胶轮手推车，披星戴月，顶风冒雨，抗隆冬、战炎夏，移山筑坝，共填筑土石方660万立方米，在距河源56千米的毛家村，建成了长467米，高80.5米，总库容为5.53亿立方米，回水30千米的大型土坝。库区沿岸，山光水色，相映生辉，构成一幅秀丽的图画。由于大坝采用黏土心墙、帷幕灌浆和混凝土防渗墙相结合的方式，较好地解决了坝基渗水的难题。到现在，大坝质量符合设计要求，为我国建设大型土坝积累了经验。

⊙史实链接

坝后右侧建筑的一级电站为地下厂房，安装两台8 000千瓦的国产第一批试验性斜流式机组。二级水槽子电站的混凝土坝，高36.9米，总库容958万立方米。由于泥沙淤积，目前仅能进行日调节，电站系地下厂房，离地面80米深，装有两台8510千瓦混流式机组。在水槽子筑坝截流，目的是将

119

以礼河水改道，电站尾水经过4392米的无压尾水隧洞和明渠，到达三级电站日调节池。其中有效容积为12万立方米。三级电站位于盐水沟右岸山腹内，地下厂房，离地面165米，设计水头589米，装有4台3.6万千瓦的冲击式水轮机组。电站引水隧洞长2740米，高压管道长1825米。四级电站位于海拔700米的小江和金沙江汇合处的东岸，建有日调节池，有效容积8万立方米，电站设计水头589米，地下厂房，其装机台数及容量与三级电站相同。电站引水隧洞长2 335米，高压管道长1 027.8米。盐水沟和小江地势复杂，三级电站区域为坚硬的玄武岩，又处在小江断裂地带地震区上。小江地带悬崖绝壁，山石险峻、玄武岩、石灰岩及其他泥石沙灰溶为一体，气候十分炎热，夏季温度高达40℃～45℃。就是在这种艰险异常的困难条件下，建设者们战胜了困难，完成了四级的开挖任务。

⊙古今评说

以礼河电站建成发电后，强大的电力近送东川铜矿，会泽铅锌矿，远送昆明地区，为这些地区工农业生产和人民生活用电作出了贡献。以礼河水电站是云南目前最大的水电站，是电网的主要调频电站，在滇中电网中占有重要的地位。

以礼河水电站投产以来，取得了发电、灌溉和防洪排涝的综合经济效益。以礼河每立方米水可发2.7度电，水能经济价值很高，单位水发电量名列国内水电厂前茅。以礼河流域的会泽、娜姑等盆地的农田灌溉面积增长近一倍，几十年来，沿岸人民农田旱涝保收，经济作物成倍增长。以礼河水电站，不仅为云南水力资源的开发和利用培养了人才，锻炼了队伍，积累了经验，也为云南新建的发供电单位输送了成批的管理人员和技术人员。

最早的隧洞引水式水电站
——古田溪水电站

⊙ **拾遗钩沉**

在祖国峰峦迭嶂的闽东北山区，有一座新中国成立以后最先动工兴建的骨干梯级电站——古田溪水电站。这里，湖光倒影，碧水如蓝，雄伟的大坝横截溪流，高大的铁塔直上云天；4座结构迥异的梯级电站，像4个姐妹，并肩站在雨雾迷蒙的翠色之中。

古田溪水电站，是建国初期由我国自行设计、施工和安装的梯级水电站。整个电站分为四个梯级，工程总投资1.77亿元，平均每千瓦造价为690.6元。装有12台机组，总容量为25.9万千瓦，是目前福建省电网内最大的水电站，对促进福建省工农业生产和人民生活有着举足轻重的影响。

古田溪水电站因古田溪而得名，古田溪发源于屏南县北部山区，流经屏南、古田、闽清，于水口汇入闽江，全长约90千米，全流域面积1 799平方千米。古田溪水电站的四个梯级电站，依次座落在古田至闽清这段流域，首尾相距约40里。这里地势陡峭，地质全属火层岩。溪水奔涌，雨多水丰，80%集中在3~9

古田溪水电站

121

月，可利用天然落差达350余米，是建设大型水力发电站的理想之地。

抗战胜利后不久，国民政府就曾在此筹建电站。结果折腾了几年，到解放前夕只建了一条十华里的残缺公路和两间矮小房屋，主体工程纹丝未动。新中国成立以后，党和国家十分重视电力工业的建设，把古田溪水电站列为全国最先开工的水电工程之一，并确定古田溪水电站长远建设规模和分期实施方案，既照顾当时建设的可能条件和实际需要，又考虑到长远发展和水利资源的充分利用。经过四年多的紧张努力，1956年3月1日，古田溪水电站一级一期两台6 000千瓦水轮发电机组投产发电。

像古田溪水九曲十八湾一样，古田溪水电站的建设过程也并不一帆风顺。困难考验着建设者们，困难也锻炼了建设者们。正是在与困难和挫折的斗争中，建设者们赢得了胜利，创造了光明。在建造一、二级电站时，要挖通好几座山，这是电站建设的一项关键工程。为了打通隧道，工人们风餐露宿日夜苦干，终于从1个月钻进12米提高到202米，大大加快了开挖进度。在古田溪水电站整个工程中，建设者们共打通隧洞7千米，开挖土石方215万立方米，浇灌混凝土72万立方米，建筑大坝坝顶总长1 080米，还开挖二座直径分为12米和20米，升管直径分为4.4米和6.4米的巨大的调压井。仅开挖一级电站引水隧洞所挖出的土石方，就可以铺设一条近500千米的标准公路。

⊙史实链接

古田溪一级电站为混合式地下水电站，共有6台机组，装机容量为6.2万千瓦；二级电站为引水式地面水电站，装机两台，总容量为13万千瓦；三级、四级电站为坝后式水电站，各装机两台，总容量为6.7万千瓦。整个电站总库容为5.9亿立方米，其中一级电站水库为年调节水库，正常高水位以下总库容5.67亿立方米；其他各级电站为日调节水库。电站保证发电为10.35亿千瓦时，它的建成投产是福建国民经济发展和我国水利电力建设的一件大事。

解放前，福建工业基础十分薄弱。古田溪水电站各梯级电站的陆续投产，有力地保证了全省第一个五年计划的提前实现和一大批骨干工程的顺利兴建。现在，古田溪水电站以两路110千伏和两路220千伏高压输电线把强大电力输送到福州、南平、三明、莆田、厦门等地，推动了这些地区工农业生产和科学文化教育发展，继续起着经济建设"先行官"的作用。

古田溪水一级电站

⊙古今评说

古田溪水电站的建成投产，也使过去贫穷落后的古田县，在工业、农业、林业、交通、水产养殖等方面得到发展，成为闻名全国的"银耳之乡"。由于古田溪水电站的投产和其他一些电站及输变电工程的兴建，现在全省已形成了一个环形电网。在全省电网中，古田溪水电站装机容量所占比重较大，年发电量占全省发电量的1/5。因距负荷中心较近，机组台数多，单机容量较大，又具有年调节性能的水库，因此古田溪水电站还担负着省网调频、调峰、调压及事故备用的重任，对电网本身的安全经济效益也有着重要意义。

古田溪水电站风景

古田溪水电站又是培养水利电力人才的学校。在施工过程中，仅20世纪50年代中期，就输送了近千名技术工人、工程技术人员和管理干部到三门峡、官厅、狮子滩、上犹等地参加水电建设。近年来，又为省内水电系统输送一批干部和技术骨干，接待和为外单位代培了几千名技术工人以及大专院校实习生。他们像一颗颗"种子"，在祖国大江南北生根、长叶、开花、结果，为发展我国水利电力事业作出了积极贡献。

白山松水间的水电基地——白山水电站

⊙拾遗钩沉

在祖国东北的长白山上，有一个海拔2 500多米、瑶池一样端庄美丽的湖泊——长白山天池，它是中朝两国的界湖。天池的西北角，有一个缺口，湖水经此流出，涓涓款款，流过3里长的天河，跃下68米高的悬崖，形成壮观的长白瀑布。之后，纳入头道江、二道江，水势骤增，在长白山崇山峻岭的峡谷里，向西北方向咆哮奔腾。它流出长白山脉，在吉黑两省交界处的三江口与嫩江汇合，然后猛然折向东北，穿过松嫩平原的腹地，浩浩荡荡注入黑龙江。这条全长2 300千米的水流，就是松花江。

松花江流域资源极其丰富，有举世闻名的油田，名扬四海的金矿，十几个著名煤海，木材储量达10亿立方米的绿色宝库，以及1.5亿亩已经开垦的肥田沃土。现在，在松花江上又建起一个东北规模最大的水电能源之乡——白山水电站，为美丽富饶的东北大地的繁荣发展，增添了新的力量。

白山水电站像一把巨锁锁住了放荡不羁的松花江，控制着上游1.9万平方千米的流域，最大蓄水能力可达68亿立方米。这座用165万立方米混凝土和几万吨钢材筑成的大坝，犹如一道耸天立地的水上长城，与两岸高山挽手

白山水电站

125

白山水库

为伍，为千里长白山又添一景。

白山水电站位于吉林省桦甸县与靖宇县交界的白山镇附近的著名险哨——老恶河哨口上。如今，一座新月形的银灰色混凝土拱坝，威武地矗立在老恶河哨口上，滚滚的松花江水被拦腰斩断，一个明镜般的袋状人工湖出现在峰峦起伏的长白山中。大坝共有7个泄水孔，分上下两层排列，上面4个与下面3个间隔布置，泄洪时，水流上下碰撞，纵向分层，横向扩散。这是设计者们独具匠心采取的三维消能方式，经试验证明，它比目前国际上同类规模的水电站泄洪消能效果还好。如果遇到特大洪水，7个孔全部开放，一秒钟可泄流1.3万立方米！从100多米高处飞泻下来的4条瀑布，砸在下边的3条瀑布上，雪白的浪花在空中开放，水雾漫天，声如奔雷走电，金鼓齐鸣，震撼着几十里山川。

白山水电站的地下发电厂房系统，以主厂房为核心，有大小37个洞室，重叠交叉，总开挖量达39万立方米。这些洞室的混凝土衬砌，采用了先进的喷锚支护结构，面积多达5.7万平方米。3条引水洞，总长1 200米，采取辐射重叠式布置，呈倒"品"字形，结构新颖，是国内外少见的。每条只有临近厂房的45米是按着传统的方法，用合金钢板衬砌，其余的都采用钢筋混凝土或高压灌浆素混凝土预应力衬砌结构。这种大量节约钢材、降低造价的先进技术，世界上仅有少数国家能够应用，在我国也是首次应用。

主厂房长121.5米，宽25米，高54米。如果把12层楼长白山宾馆放进去，还绰绰有余，气势极其恢弘。它是我国最大的大跨度、高边墙的地下发电厂房。

厂房穹窿形天棚上安装着照明装置、空调设备、噪声控制设备，墙壁装修非常精细讲究，不但具有防潮、保温的性能，而且外边镶贴着人造贴面板，非常美观。当人们走进厂房，就好像进入了富丽堂皇的地下宫殿，或像是步入一座宽敞明亮、空气清新的现代化展览大厅。

⊙史实链接

白山水电站第一次上马兴建是在1958年大跃进的高潮中。当时在设计还没有头绪的情况下，几万人涌入交通闭塞的长白山深山老林中的荒江野渡，轰轰烈烈地修电站，3年花费5 680万元，只凿了半条导流洞。1960年，国家当机立断，白山水电站下马缓建了。1971年，白山水电站开始复工筹建，1975年，主体工程开工，1976年截流。

白山水电站地处长白山高寒山区，年平均气温只有4.3℃，最冷时气温低至-44.5℃，一年要穿七个月的棉衣。特别是春秋时节，气候多变，最大日温差接近30℃，忽而飞雪，忽而落雨，忽而寒风骤起，忽而骄阳似火。一到冬天放眼银山玉岭，处处雪地冰天。施工和生活的供水、供暖管道，或深埋地下，或包上一层又一层的牛毛毡保温。大坝浇筑混凝土，要像盖房子一样先搭保温棚，安装供热设备。这都给施工带来巨大的困难。

白山水电库

1万多名水电建设者，发扬了艰苦创业的精神，他们住帐棚，冒风雪，迎酷暑，昼夜不停，兴建白山水电站。

⊙古今评说

由于白山水电站处于东北电网的中间，因此，它不但是一座具有以发电为主，兼有防洪、通航、灌溉、水产养殖等综合效益的水利水电枢纽，而且是调蜂、调频和事故备用以及战备的理想电源。位于沈阳市的东北电网总调度，只要通过散射波无线电话发出开机指令，在一两分钟之内，就开动起一台机组，可投入电网30万千瓦的强大电力。用它调峰、调频和事故备用，要比火电经济得多。白山水电站还能与下游红石水电站、丰满水电站联合调度，以提高丰满水电站的出电力，使其年发电量增加4 600万度。

五、治理水患谱新篇

新中国开始的治淮工程

⊙拾遗钩沉

淮河位于长江和黄河之间，发源于河南省的桐柏山区，流经河南、皖北、苏北流入长江，全长1 100多千米，流域面积18.7万平方千米。淮河是我国为害最严重的水系之一，"大雨大灾，小雨小灾"，造成生命财产的重大损失。

1950年8月，中央人民政府举行了包括有华东、中南两区水利部和河南、皖北、苏北三个省区负责干部以及淮河水利工程总局有关专家参加的治淮会议。在此基础上于1950年10月14日，中央人民政府政务院发布《关于治理淮河的决定》，明确提出了"蓄泄兼筹"的方针，和上中下游统筹兼顾以防洪为主的原则，要求首先做到根除水患，同时结合灌溉、航运、发电的需要，逐步达到多目标的流域开发。11月6日，治淮委员会正式成立，下设河南、皖北、苏北三个治淮指挥部。

1950年11月底，根治淮河的第一期工程全面动工。先后投入治淮工程的人员，有民工300万左右，工程技术人员16 000多人。共计修筑堤防2 191千米，疏浚河道861千米，修建大小闸坝涵洞92座，完成土方1.95亿立方。1951年7月20日，根治淮河的第一期工程全部完工，淮河流域初

淮河

步达到"大雨减灾、小雨免灾"的目的。

治淮第二期工程于1951年11月开始。到1952年7月中旬，治淮第二年度工程施工结束。完成了上游南湾水库和汝河上游的薄山水库的勘察、设计和钻探等工作，修建了白沙水库和板桥水库，还在苏北修建一条长达170千米的灌溉总渠。在1952年底开始的第三年度的治淮工程中，除修复渠道，加固河堤外，还修建了南湾、薄山、佛子岭等6座水库。到1953年9月初，第三年度治淮工程胜利完成。到此为止，淮河沿岸人民初步解脱了洪水灾害。

治理淮河的工程在继续前进，1954年6月5日，位于安徽省霍山县境内的佛子岭水库工程全部完工。1956年5月5日，淮河中游史河上游的梅山水库拦河大坝建成。到1958年7月底，安徽省实现了河网化，特别是1970年5月18日，横贯豫、皖、苏三省的大型水利工程——开挖新汴河，治理沱河工程全部竣工。1981年，在第五届全国人民代表大会第四次会议期间，国务院召开了治淮会议，形成了1981年《国务院治淮会议纪要》。提出了淮河治理纲要和10年规划设想。并指出淮河流域是一个整体，上、中、下游关系密切，必须按流域统一治理，才能以最小的代价取得最大的效益。1991年后，国务院又分别于1992年、1994年、1997年召开了3次治淮会议，检查治淮进度，协调各方工作，进一步明确治淮目标和任务，解决治理中的问题，使治淮工程建设呈现整体推进、逐步生效的态势。

竣工的淮河工程

131

⊙ 史实链接

淮河流经的区域正好位于祖国的腹地，是我国南方与北方自然的分界

淮河流域

线。1万年以前，我们的祖先就生活在淮河两岸，四千年前，大禹的后代建立的第一个奴隶制国家夏朝就是在这块土地上。12世纪以前，淮河是一条出路畅通、可直接入海的河流，自然灾害也比较少，在历史上曾经是繁荣发达的地区之一，当时流传着"走千走万，不如淮河两岸"的赞美之词。但自12世纪黄河夺淮之后，淮河流域逐渐沦为全国自然灾害最严重的一条河流。据统计，1400年至1900年的500年间，全流域共发生了350次较大的水灾、280多次较为严重的旱灾。在新中国建立前的近50年中，淮河流域的灾情更为严重。1921年和1931年的大水，每次都使几十个县沦为"水下世界"。1931年7月，流域内普降暴雨，河水陡涨，堤防到处溃决，大片地区洪水漫流，人畜尸体顺水漂浮。兴化县全县一夜间全部淹没；官庄100多户人家，除在树梢上幸存5人外，其余全部被洪水卷走。大水退后，侥幸活下来的人也已倾家荡产，只好外出逃荒，飘零异乡。1942年的大旱灾，淮河及其支流几乎断水，湖泊干涸，不少地方连吃水也发生困难，仅河南省就饿死、病死100万人以上。

⊙**古今评说**

淮河流域广大人民经过几十年的治理，陆续建成一批中小型和大型水库工程，兴建了一批蓄洪工程，并整修河道，开辟了新沂河和苏北灌溉总渠等入海出路。各地还根据农业生产的需要，兴建了一批水利排洪灌溉工程，这些工程的建成，使淮河河流抗御洪、涝、旱灾能力大大增强，灌溉面积迅速扩大，多灾低产的淮河流域发生了变化。

伟大的荆江分洪工程

⊙拾遗钩沉

　　荆江分洪工程是中华人民共和国成立以来继治淮工程后的又一巨大水利工程，于1952年4月5日全面动工，同年6月20日胜利完工。

　　长江水灾主要发生在中下游。从湖北省枝城到湖南省城陵矶（岳阳北），又称荆江，长420千米，江面狭窄，泥沙淤积，水流不畅。北岸从江陵县枣林岗到监利县麻布拐有一段长达133千米的大堤，即荆江大堤。这是长江全线最薄弱最危险地带，堤身高出地面十数米，每到汛期，洪峰逼临，险情四伏。如一旦江堤溃决，将使江汉平原变成一片汪洋，300万人、800万亩良田将全部被淹。而且长江还有改道的危险，长江航运将完全陷于瘫痪，后果不堪设想。为了保障两湖人民的生命财产安全，确保长江航运畅通，在长江治本工程未完成以前，加固荆江大堤和在南岸开辟分洪区是十分必要的措施。中华人民共和国成立以后，党和人民政府对治理长江，消除水患极为重视。经过调查研究，决定首先整治荆江。

　　1950年11月，长江水利委员会派出水利专家和技术人员，对荆江进行了勘察、钻探和测量，并对部分堤坝有计划地作了培修，加固长江东北岸133千米的荆江大堤。1952年，中央人民政府政务院和中南军政委员会发布了

伟大的荆江分洪工程

133

修建荆江分洪工程并在汛前完成的决定，同时组成了荆江分洪工程委员会。

荆江分洪工程主要包括以下几部分：第一，荆江大堤加固工程，加固目标是确保大堤不至溃决。第二，在荆江南岸太平口虎渡河以东，荆江南堤以西，藕池口安乡河西北，开辟一个大量分洪的地区，以便在荆江水位过高时分蓄洪水，减低水位，减缓水势流速，减轻荆江大堤的负担。为此要在荆江南岸修建一袋形分洪区围堤。第三，修建分洪区的进洪闸、节制闸、泄洪闸。第四，开挖和疏通分洪区内的沟渠和修建其他涵闸等工程多处。第五，建造保护堤岸的防浪林。第六，分洪区内移民。其中进洪闸在分洪区北面的江陵县太平口，全长1 054米，闸高4米，54孔，是全国第一大闸。节制闸在分洪区南端黄山头附近，全长336米，闸高6米，32孔。分洪区周围要修筑220千米的围堤，可蓄水60亿立方米。

1952年4月初，30万解放军和民工云集在133千米长的荆江大堤和数百千米的分洪区工地上，全面启动荆江分洪工程。与此同时，分洪区内须迁移的23万居民，已妥善迁移安置。湖北省荆州、宜昌和湖南省常德、益阳、长沙等专区，也发动数百万人民来做后勤工作，支援施工。大批器材物资从东北、太原、汉口、南京等地源源不断地向工地赶运。铁路工人在工地上铺设了轻便铁轨。为分洪工程服务的数百名医务工作人员陆续到达工地。中国人民银行和邮局也在工地上设立了分支机构。

荆江分洪工程

在分洪工程进行过程中，全国人民特别是两湖人民提供了物质与精神上全力支持。上自中央人民政府，中南军政委员会，下至许多乡村，都曾派代表团深入工地进行慰问。毛泽东派慰问团送来了亲笔题字的锦旗："为广大人民的利益，争取荆江分洪工程的胜利！"周恩

从都江堰到南水北调

来也为工程题词："要使江湖都对人民有利。"所有这些都极大地鼓舞了全体工程人员。6月20日，荆江分洪工程提前15天胜利完工，总计完成土方780余万，混凝土11.7万方，砌石4.7万方，修筑了130多千米的轻便铁道及90多千米的公路。

⊙史实链接

　　荆江分洪工程的困难是很大的，时间紧、任务重、交通不便、技术缺乏，又加夏季雨多、江水时涨，但是参加施工的10万人民解放军和20万工人、农民、技师、干部们响应荆江分洪前线党委"用革命的精神，革命的办法，克服困难，战胜洪水"的号召，全力以赴地投入到施工中去。他们充分发挥了积极性和创造性，在"好、快、省"的三大要求下，展开了轰轰烈烈的爱国主义劳动竞赛运动，不断创造着新纪录。分洪工程以解放军为主体，指战员担任着最艰巨的任务，工作效率是最高的，为全体参加施工的人们树立了榜样。在工程中产生了上万名劳动模范，数百个模范单位。在施工过程中，广泛开展了合理化建议运动，大家找窍门想办法，不断改善劳动组织，改进操作方法，提高技术水平，使各种工程，如铁工、钢筋、水泥、土木、石沙、船舶运输均提高了工效一倍至几倍。

荆江分洪区北闸

⊙古今评说

　　荆江分洪工程建成不久，就在抗洪斗争中发挥了巨大的作用。1954年7月下旬长江连续3次出现大洪峰，荆江大堤受到严重威胁，于是先后3次开闸分洪，最大分洪量8 280立方米／秒，其中一次分洪就使沙市水位迅速下降近1米，确保了荆江大堤及两岸人民生命和财产的安全。荆江分洪不仅为两湖人民解除了荆江水患的威胁，而且为治理长江打下了有利的基础。

取得重大胜利的海河根治

⊙拾遗钩沉

海河是我国华北地区主要的大河之一，是华北地区流入渤海诸河的总称。由北运河、永定河、大清河、子牙河、南运河5条河流自北、西、南三面汇流至天津后东流到大沽口入渤海，故又称沽河。其干流自金钢桥以下长73千米，河道狭窄多弯。海河流域东临渤海，南界黄河，西起太行山，北倚内蒙古高原南缘，地跨京、津、冀、晋、鲁、豫、辽、内蒙古8省区。流域面积为31.78万平方千米，占全国总面积的3.3%，其中山区约占54.1%，平原占45.9%。

由于海河水系上游支流繁多分散，下游集中，河道容泄能力上大下小，尾闾不畅，故而极易形成洪峰，给流域内人民的生产生活带来极大的危害。

新中国成立后，20世纪50年代首先整修加固了各河堤防，恢复原有河道泄洪能力，并开始修建山谷水库和分洪道。1963年大水后，重新安排了各河的防治措施，除继续修建山谷水库外，侧重于中、下游河道的治理，开挖了4条新的大型入海洪道，并对原有几条排洪河道进行了扩挖，基本上改变了海河子水系的5大河系集中从天津入海的被动局面。1965以后，流域内少雨偏旱，而工农业用水又急剧增加，水资源短缺矛盾日益突出。在吸取20世纪50年代后期引黄河水灌溉出现次生盐碱化的教训后，恢复和兴建了引

今日的海河

137

滦入津、入唐的跨流域调水工程。

1957年11月编制的《海河流域规划（草案）》，明确了以防洪除捞为主，并结合发展灌溉、供水、航运、发电等方面的综合利用；1966年11月提出了《海河流域防洪规划（草案）》，认识到前一段时期"以蓄为主"的方针片面地强调水库的拦蓄作用，没有处理好蓄泄关系，而忽视了中下游河道的治理，提出了"上蓄、中疏、下排、适当地滞"的方针，并且近期以排为主，洪涝兼治。1988年12月制定《海河流域综合规划纲要》，规划中明确了要继续贯彻"上蓄、中疏、下排、适当地滞"的方针，并以"全面规划、统筹兼顾、综合利用、讲究效益"为指导，根据防洪体系已基本形成和已暴露出来的问题，近期应把治理重点放在现有工程的除险、加固、恢复标准、工程配套和经营管理上，以巩固完善防洪体系，增强防洪能力。

除此之外，流域内已建大中小型水库1900多座，这些水库以防洪为主，兼有灌溉、供水、发电等作用，新辟和整治的主要排洪排涝河道有30多条。这些河道使各河系的排洪入海能达到整治前的10倍。但是这些河道因淤积等原因，现有泄洪量比设计泄量低，需要再进行整治。被纳入防洪体系的蓄洪区有30处，总蓄水量191.5亿立方米，总面积8788平方千米。这些蓄洪区都是一些自然蓄积洪水和沥水的洼地，绝大部分已得到初步整治。在原低洼易涝地区先后开挖、疏浚了黑龙港、运东地区的南排河、北排河，鲁北地区的徒骇河、马颊河，修建和加固堤防。新建堤防4 000多千米，使现有堤防达到约2万千米。修建提引工程1.83万座，机电井118.5万眼，调水工程两处（引滦入津，引滦入唐），抽水蓄能工程4处。

海河风景

⊙史实链接

史书记载从1368年至1948年，海河流域发生过严重水灾387次，严重旱灾407次。其中，1939年，天津遭受严重的洪水灾害，白洋淀东堤决口，永定河、大清河、子牙河、南运河相继猛涨，后相继决口，洪水汇成一片冲进市区，天津被淹两个月，街上行船，

美丽的海河

工厂停工，交通中断，受难群众达65万。由于经常决口，各支流多冲积改道，在支流间形成大小不等的碟形和条形洼地。洼地常年积水，土地盐碱化现象严重。

为治理洪涝灾害，3世纪人们就已开始利用海河水发展灌溉，以后历代在引用河水和外水灌溉方面，在开辟人工运河通航方面都不断进步。隋代已开通了长达1 000千米的永济渠，成为后来形成的京杭大运河的主要组成部分。至明、清时，流域治理侧重于维持漕运。为分泄大运河洪水，使漕运畅通，从德州附近向北，先后开辟有四女寺减河、哨马营减河、捷地减河、兴济减河、马厂减河、青龙湾减河和筐几港减河等。

⊙古今评说

经多年开发治理，现在海河子水系南区各河可防御1963年型洪水，50年一遇；北区各河可防御1939年型洪水，20～50年一遇；滦河可防御1962年型洪水，50年一遇。据统计各水库共拦蓄超过下游河道安全泄量的洪水100多次，有效地控制了洪水对下游广大平原的危害，特别是战胜了1963年特大洪水，保住了天津市及津浦铁路。

河南的人工天河——红旗渠

⊙拾遗钩沉

红旗渠在河南省安阳以西50多千米的林县（现名林州）山中，地势险峻，工程宏伟。它不仅是造福人民的水利工程，也为这里的自然风光增添了一大胜景，被人们誉为"人工天河"。

林县是个土薄石厚、水源奇缺的贫困山区。"水缺贵如油，十年九不收，豪门逼租债，穷人日夜愁"是旧林县的真实写照。新中国成立后，在党的领导下，全县人民发扬"自力更生，艰苦奋斗"精神，以"重新安排林县河山"的决心，从1957年起，先后建成英雄渠、淇河渠和南谷洞水库、弓上水库等水利工程。但由于水源有限，仍不能解决大面积灌溉问题。

"引漳入林"是林县人民多年的愿望。经过豫晋两省协商同意，后经国家计委委托水利电力部批准，在省、地各级领导和山西省平顺县干部群众的支持下，在各级水利部门及工程技术人员的帮助下，县委、县人委组织数万民工，从1960年2月开始动工，经过十年奋战，1965年4月5日总干渠通水，1966年4月3条干渠同时竣工。1969年7月完成干、支渠配套建设。至此，以红旗渠为主体

红旗渠纪念碑

140

的灌溉体系基本形成，灌区有效灌溉面积达到54万亩。

红旗渠灌区共有干渠、分干渠10条，总长304.1千米；支渠51条，总长524.1千米；斗渠290条，总长697.3千米；农渠4281条，总长2488千米；沿渠兴建小型水库48座，塘堰346座，共有兴利

美丽的红旗渠

库容2 381万立方米，各种建筑物12 408座，其中凿通隧洞211个，总长53.7千米，架渡槽151个，总长12.5千米，还建了水电站和提水站。

1990年，红旗渠游览区建立，它将盘绕在太行山腰悬崖绝壁之上雄伟险要的红旗渠与雄、险、奇、秀的林虑山自然风景和名胜古迹巧妙地融汇结合，雕凿加工，相辅相成，浑然一体，有其纯真淳朴的乡土风格和雄险壮观的高深意境。

⊙史实链接

1960年，正是新中国三年经济困难时期的第二年，粮食短缺，物资短缺，一切都紧缺。艰难困苦能吓倒弱者，也能激励强者。就是在这样的背景下，林县数万农民扛着自己家里的铁锨、铁撅、铁锤、钢钎，推着自家用的小推车，背着自家粗布做成的铺盖，带着生产队的大铁锅、缝纫机，自带口粮，像战争年代解放大军奔赴战场一样，毅然决然地上了太行山，开始修建

全国重点文物保护单位——红旗渠

红旗渠。林县人民坚定不移地选择了自力更生的道路。

　　修渠大军沿着山间小道上到了渠线上，数万人每天所需的粮菜、施工所需的物料就得15万千克，可是从林县北部到山西省境内渠首的30多千米全是羊肠小道，不用说走汽车，有些地方仅能容人单身走过。一边是高山挡道，一边是漳河拦路。修渠先修路。民工们一切都靠自己，就地支锅，沿路宿营，从山腰悬崖上劈开一条简易公路，在漳河上架起了一座简易木桥，这样才保证了后勤供应。

⊙古今评说

　　"人工天河"红旗渠是人类改造自然、利用自然的史无前例的一大杰作，是林州人民勤劳与智慧的结晶。在此工程中，林州人民体现出的"自力更生，艰苦创业，团结协作，无私奉献"的优良传统美德和感人精神，受到了世人的称赞。20世纪70年代周恩来总

人工天河——红旗渠

理曾自豪地告诉国际友人："新中国有两大奇迹，一个是南京长江大桥，一个是林县红旗渠。"前国家主席江泽民同志1996年6月1日到红旗渠视察时，亲笔题词："发扬自力更生，艰苦创业的红旗渠精神。"红旗渠于1996年被定为全国100个爱国主义教育基地之一。

从都江堰到南水北调

神奇的葛洲坝水利枢纽工程

⊙拾遗钩沉

葛洲坝水利枢纽工程位于西陵峡末段，主要由电站、船闸、泄水闸、冲沙闸等组成。大坝全长2 595米，坝顶高70米，宽30米，控制流域面积100万平方千米，总库容量15.8万立方米。电站装机21台，年均发电量141亿千瓦时。建船闸3座，可通过万吨级大型船队。27孔泄水闸和15孔冲沙闸全部开启后的最大泄洪量，为11万立方米/秒。

长江出三峡峡谷后，水流由东急转向南，江面由390米扩宽到坝址处的2 200米。由于泥沙沉积，在河面上形成葛洲坝、西坝两岛，把长江分为大江、二江和三江。大江为长江的主河道，二江和三江在枯水季节经常断流。葛洲坝水利枢纽工程横跨大江、葛洲坝、二江、西坝和三江，是长江上建设的第一个大坝。水利枢纽的设计水平和施工技术，都体现了我国当前水电建设的最新成就。

葛洲坝水利枢纽工程由船闸、电站厂房、泄水闸、冲沙闸及挡水建筑物组成。船闸为单级船闸，一、二号两座船闸闸室有效长度为280米，净宽34米，一次可通过载重为1.2万～1.6万吨的船队。每次过闸时间约50～57分钟，其中充水或泄水约8～12分钟。三号船闸闸室的有效长度为120米，净宽为18

葛洲坝水利枢纽工程

眺望葛洲坝水利枢纽工程

米，可通过3 000吨以下的客货轮。每次过闸时间约40分钟，其中充水或泄水约5～8分钟。

葛洲坝水利枢纽工程具有发电、改善峡江航道等效益。它的电站发电量巨大，年发电量达157亿千瓦时，相当于每年节约原煤1 020万吨，对改变华中地区能源结构，减轻煤炭、石油供应压力，提高华中、华东电网安全运行保证度都起了重要作用。葛洲坝水库回水110～180千米，由于提高了水位，淹没了三峡中的21处急流滩点、9处险滩，因而取消了单行航道和绞滩站各9处，大大改善了航道，使巴东以下各种船只能够通行无阻，增加了长江客货运量。

葛洲坝水利枢纽工程施工条件差、范围大，仅土石开挖回填就达7亿立方米，混凝土浇注1亿立方米，金属结构安装7.7万吨。它的建成不仅发挥了巨大的经济和社会效益，同时提高了我国水电建设方面的科学技术水平，培养了一支高水平的水电建设设计、施工和科研队伍，为我国的水电建设积累了宝贵的经验。这项工程的完成，再一次向全世界显示了我国人民的聪明才智和巨大力量。

⊙史实链接

葛洲坝水利枢纽工程的研究始于20世纪50年代后期。1958年2月，周恩来总理从武汉溯江而上，视察了三峡，踏勘了三峡的两个坝址，之后便确定了长江的近期治理和远景规划。1970年冬，周恩来总理亲自主持中央政治局会议，研究和讨论了长江三峡枢纽工程的重要组成部分——葛洲坝水

144

利枢纽工程的有关问题。随后，毛泽东主席批示"赞成兴建此坝"。葛洲坝作为三峡工程的反调节水库，按理应诞生在三峡大坝之后，可它偏偏抢先"大哥"20年出生。1970年12月30日，葛洲坝破土动工；1974年10月主体工程正式施工。整个工程分为两期，1981

壮观的葛洲坝水利枢纽工程

年1月4日胜利实现大江截流，三江航道正式通航，二江电厂1号、2号机组并网发电，第一期工程建成。二期工程自1982年开始至1988年12月10日葛洲坝水利枢纽工程竣工。

⊙古今评说

"葛洲坝"是一个著名的词，早在20世纪就成为中国乃至于世界关注的焦点。它之所以如此出名，那是因为在葛洲坝修建的水利枢纽工程，为万里长江上建设的第一个大坝，是因为葛洲坝水利枢纽工程是长江三峡水利枢纽的重要组成部分。迄今为止，这一伟大的工程在全世界也是屈指可数的巨型水利枢纽工程之一。而且葛洲坝水利枢纽的设计水平和施工技术，全面反应了我国当前水电建设的最新成就，它也是我国在水电建设史上的一个重要里程碑。

横空出世的三峡工程

⊙ **拾遗钩沉**

　　长江三峡拥有着灿烂的文化历史，但让它成为世界焦点的真正原因不是曾经的辉煌，而是今日的长江三峡水利枢纽工程。这座迄今为止世界第一大水电工程——三峡大坝从20世纪90年代开始施工，历经了17个春秋后，竣工完成。如此庞大的三峡工程分为3个阶段。第一个阶段是1992年至1997年，这5年间的主要工程除了完成准备性的工程外，还要进行一期的围堰填筑，导流明渠的开挖，为将来的施工做好准备。第二个阶段是1998年至2003年，这6年间工程的主要任务是修筑二期围堰，安装右岸大坝上的电站设施，完成永久特级船闸、升船机的施工工作。第三个阶段是2003年至2009年，这6年间的主要工作是，进行右岸大坝上的电站施工，并继续完成全部机组的安装工作。

三峡大坝

　　兴建三峡大坝是中华民族几代人的夙愿。它也是治理和开发长江河道的关键性骨干工程。竣工后的三峡水库全长600余千米，水库的均宽度为1千米，正常的蓄水位175米，总库容达到393亿立方米，水库总面积为1 084平方千米。

兴建三峡工程最首要的目标是为了防洪。其地理位置的优越性，可有效地控制长江上游泛滥的洪水，成为了长江中、下游河段防洪体系的关键性骨干工程。长江上的气候是非常典型的东南季风气候，它的降雨分布得非常不均匀，从宜宾到武汉的长江段有很多的地上河。在过去近两千年的时间里，不到10年在此就会发生一次洪灾，其中发生在1998年的长江特大洪灾，相信仍然让人们记忆犹新。三峡工程的建立对长江的河水起到了巨大的调节功能。三峡工程能很好地控制住长江上游的水量，在有效地提高长江下游的防洪标准的同时，还能很好地延缓河流中的淤积，增加长江的储水量。

长江中、下游平原是我国工农业生产的精华地区，但它们的地面普遍都低于洪水6~17米，在三峡大坝还没有建成前，它们全靠总长为33 000多千米的堤防保护着，但洪灾出现的频度仍然保持着10年一次的记录。在三峡大坝建成后，即便是遇上百年一遇的大洪水，它也能配合洪区分洪，以此避免发生毁坝的危险。三峡工程的建成将直接保

美丽的三峡大坝

护长江中下游地区防洪体系中300万亩耕地和1 500万人民的生命财产安全，它可以称得上是京广、京九铁路大动脉的安全守护神。在中国治河的历史上，洪水不治就无法使国泰民安。在三峡工程所起到的诸多作用中，或许其他工程可以替代某些作用，但唯独防洪的作用是无可取代的。

⊙史实链接

长江三峡是一条西起重庆市的奉节县，东至湖北省宜昌市的大峡谷，全长为193千米。自西向东分别由瞿塘峡、巫峡、西陵峡三个大峡谷构成，其三

三峡大坝泄洪

峡的名字也正是由此而来。三峡的形成是由于地壳的不断上升而出现的，其地势险峻，两岸高山对峙，崖壁陡峭，其群山的山峰一般都高出江面1 000～1 500米，在三峡上最窄的河道还不足百米。

三峡是中国古文化的发源地之一，这里人杰地灵，孕育出的大溪文化，在历史的长河中始终闪耀着奇光异彩；这里是中国伟大的爱国诗人屈原，古代四大美女之一的王昭君的故乡；这里的青山碧水中曾留下李白、白居易、刘禹锡、范成大、欧阳修、苏轼、陆游等诗圣文豪们的足迹，他们为三峡的壮丽与秀美，留下了无数千古绝句；这里的大峡深谷曾是三国时代的古战场，这里是无数的英雄豪杰驰骋用武之地；这里还有无数的名胜古迹，白帝城、黄陵庙、南津关……与这里的山水风光交相辉映着，声播四海。

⊙古今评说

三峡工程在工程规模、科学技术和综合利用效益等许多方面都堪为世界级工程的前列。它不仅为我国带来巨大的经济效益，还将为世界水利水电技术和有关科技的发展作出有益的贡献。建设长江三峡水利枢纽工程也是我国实施跨世纪经济发展战略的一个宏大工程，其发电、防洪和航运等巨大综合效益，对建设长江经济带，加快我国经济发展的步伐，提高我国的综合国力有着十分重大的战略意义。

神奇的三峡大坝

宏伟的南水北调工程

⊙拾遗钩沉

　　虽然我国拥有丰富的水资源，但众多的人口仍然让我国成为了严重缺水的国家，尤其是在北方的部分城市，缺水的现象尤为严重。为了解决这一问题，早在20世纪50年代，我国的水利专家们就提出了"南水北调"的设想。在经过几十年研究后，终于在2002年年底，在中央各部门的大力支持下，南水北调工程正式启动了。它的建成是为了大大缓解我国北方缺水的问题，提高南方水资源的利用率。

　　早在1972年，我国在汉江兴建的丹江口水库，其目的就是为了给南水北调中线工程的水源开发打下良好的基础。20世纪90年代，南水北调工程的兴建，正式提到了国家议事日程上。在经过了科技工作者的大量勘测后，在50多种可实施的方案中，最终决定分别从长江下、中和上游的河段中开发出东线、中线和西线三条调水线路，将长江水调入北方地区。

　　东线工程是从位于江苏省长江下游的扬州江中抽引长江水，再利

东线工程的线路

用京杭大运河和其他一些与其平行的河道逐级提水北上。在北上的途中，会将其调蓄作用的洪泽湖、骆马湖、南四湖、东平湖各湖中的湖水，引进其中。北上的水源会在流出东平湖后分成两路输入北方。一路是向北，在经过了隧洞后穿越黄河，流经到山东、河北、天津等地。其水量输出的主干线长达1 156千米。另一路是向东，最终输水到烟台、威海等地，其输水线路的总长度为701千米。

中线的工程是从长江中游的丹江口水库引水。这个水库是长江中游北岸的汉江支流加坝扩容后形成的。引出的水量在跨越了长江、淮河、黄河、海河四大流域后，会到达北京与天津这两个重要城市。其输水的总干线全长为1 267千米。

西线工程中的水量是从长江上游的通天河、支流雅砻江和大渡河的上游的水库中引流的水。水流在经过了专程为其开凿的。穿过长江和黄河的输水隧洞后，调长江的水流入黄河的上游，以此来补充黄河水源的不足。西线解决的是青海、甘肃、宁夏、内蒙古、陕西、山西等黄河上、中游地区与渭河关中平原的缺水问题。

南水北调西线工程

南水北调工程这三条线路，将在50年间陆续完工，其总投资将达4 860亿元人民币，由此可见它的重要程度。

整个工程分为3个阶段，从2002年开始施工到2010年的8年时间里，为南水北调工程的近期阶段，其总调水的规模将达到200亿立方米。中期阶段是从2011年到2030年，其调水的规模将达到168亿立方米，到时的累计出水量将达到368亿立方米左右。远期阶段是从2030年至2050年，这一阶段的总调水规模预定将增加80亿立方米，到整个工程竣工时，累计的调水量会达到448亿立方米。整个工程自开工以来，建设都迈出了实质性的步伐，近期中的很多项目也都顺利地完工并进入了开始发挥效益的阶段。其中，京石段工程的成功通水，将大大缓解北京的供水压力。

⊙史实链接

1952年10月31日，共和国初创的喜庆依然洋溢在全国人民的心中。作为共和国掌舵人的毛泽东主席在心中勾画着改造中国大地山山水水的宏伟蓝图，对中国南北水资源分布不均的现状及其影响表示了极大的关注。此时他正视察神州大地，在由河南省兰考县去开封市的专列上，与黄河水利委主任王化云谈及黄河的问题。鉴于中国北方水资源不足，王化云提出设想：从长江上游的通天河中引水到黄河，以弥补北方缺水。毛泽东听到此建议非常振奋，幽默地讲："你们的雄心不小啊！通天河那个地方猪八戒去过，它掉进去了。"在欢声笑语中，毛泽东主席肯定了这一设想："南方水多，北方水少，如有可能借一点来是可行的。"

毛泽东主席对南水北调的殷切希望让林一山等水利专家终身难忘。在以后的岁月里，林一山等一大批水利科学家一代接一代地研究这一课题，取得了丰硕的成果。林一山每年驱车都在6 000千米以上，在西部的崇山峻岭中考察调水线路，他曾数次翻越巴颜喀喇山，直到双目完全失明，还惦记着研究的进展……

⊙古今评说

南水北调工程是世界上一项最大规模的调水工程。它是我国继三峡工程之后的又一个重大的国土建设项目，甚至可以说南水北调对中国社会的进步和持续经济发展，有非常重要的意义。这是一项极其浩大的工程，它的建设对我国合理地配置水资源，提高水资源的综合利用率，增强环境的保护意识和提高社会的公益责任等各个方面，都提出了更高的要求。一旦它全面竣工，将直接带动我国经济的快速发展，造福于后世子孙。